超図解 写真・イラスト満載

ネオジム磁石とそのエネルギ利用法(1)

松本修身著

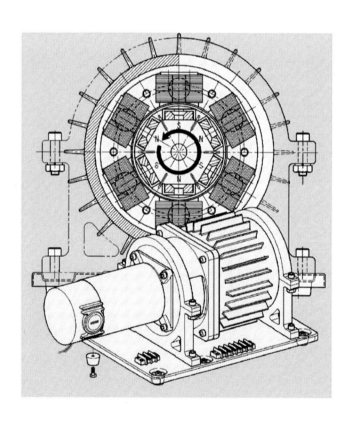

パト・リサーチ

All rights reserved. No part of this feature article may be reproduced or utilized in any form or any means, electronic or mechanical, including photocopying, recording or by any information storage or retrieval system, without permission in writing from the Author.
© MATSUMOTO Osami, May 5, 2016

↓＊＊＊＊＊＊＊＊＊＊＊＊ お 知 ら せ ＊＊＊＊＊＊＊＊＊＊＊＊↓

　本著作「（ネオジム磁石とそのエネルギ利用法(1)（全220ページ）の後編として「**ネオジム磁石とそのエネルギ利用法(2)**」（全 171 ページ））を執筆しました。両著作を併せますとページ数合計 391 ページの大作になることから、敢えて分冊にしました。両著作の一貫したテーマは、「**トルク脈動レス発電機＋リチウムイオン蓄電とによる連続発電・電力供給システム**」の紹介と活用技術の開示です。両著作のどちらから読まれても良いと考えております。

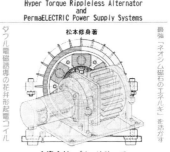

　本書は、出版界の事情でモノクロ紙本ですが、ワープロソフト Word で読めるオールカラーの CD-R 版本「**ネオジム磁石とそのエネルギ利用法(1)**（全 220 ページ）および CD-R 版本「**ネオジム磁石とそのエネルギ利用法(2)**を用意しています。両者共に同価格の 2,000 円（送料 消費税込み）です。ネオジム(1) または ネオジム(1)の別を明記して**パトリサーチ**宛の**振替口座 00160-9-393395** でお申し込みください。なお、CD-R 版本に掲載の図面は、A4 判に拡大印刷して部品製作に利用できますので大変便利です。

は じ め に

2014 年 10 月 31 日に特許出願した発明、「トルク脈動レス発電機で発電した電力を発電機ユニット自体および外部に連続的に給電し続ける電力システム」は、2015 年 5 月 19 日の拒絶理由通知書に続いて、2015 年 8 月 25 日に拒絶査定され、それを不服として 2015 年 11 月 24 日に拒絶査定不服審判請求をしました。

これに対して発送日を 2016 年 11 月 1 日とした「審決」の文書が翌日の 2 日に届きました。その内容は、「本件審判の請求は、成り立たない」でした。これも承服できない内容であり、訴状提出の期限 30 日内の 2016 年 11 月 25 日に知的財産高等裁判所に訴状を提出しました。小規模企業を対象とした早期審査制度を利用したのにもかかわらず丸々 2 年を経過していました。

拒絶査定・審決の骨子は、「『エネルギー保存の法則』に反する」・「自然法則に反している」であり、拒絶査定においても、審決においても、それを何度も何度も繰り返して主張しています。

審決謄本の pp. 10, 11 においては、「具現化された装置ということができず、実証結果がいかなる条件の下で得られたのかも明らかでなく、公的機関において証明されたものでもない」、と「ニセ物呼ばわり」し、「電圧であって電力ではない」、とも主張しています。電力は負荷の電流あるいは抵抗の大きさによって変わりますので、負荷に流れる電流あるいは抵抗が大きければ発電機のコイルの導線を太くすればよいだけのことです。ここで特筆するほどのことではありません。また、乾電池の電気量表示は、「電圧のボルト(V)」です。審判官は乾電池を見たことがないのでしょう。

面白いことには、審決の p. 10 において「エネルギー保存の法則」は、現在の科学技術の普遍的法則であり、常識であると述べて、錯誤と誤認の仮説「エネルギー保存の法則」に関して下記の参考文献を挙げていることです。

＊＊＊＊＊＊＊＊＊＊＊＊＊＊＊＊＊＊＊＊＊＊＊＊＊＊＊＊＊＊＊＊＊＊
エネルギー保存 conservation of energy, energy conservation

《物理》①エネルギーはある形態から別の形態へ変化することはありえても、<u>新たにつくり出されることも消滅することもありえないという</u>原理。②この原理が破れる例はいまだに見出されていない（マグローヒル 科学技術用語大辞典 日刊工業新聞社刊 2001. 5. 31 p. 166）[①と②は筆者の追記]

＊＊＊＊＊＊＊＊＊＊＊＊＊＊＊＊＊＊＊＊＊＊＊＊＊＊＊＊＊＊＊＊＊＊
DC9V の電源で回転するマブチ製ＤＣモータの適正負荷時の回転数 14,400rpm がトルク脈動レス発電機を接続すると発電機の回転体の自重と回転直径による反偶力、風損（空気抵抗）や支軸ベアリングなどの機械的摩擦損失によって回転数が 8,000rpm にダウンするところまでの現象は、「エネルギ**保存**の法則」ではなくて、出願人の技術思想の「エネルギ**非保存**の法則」に相当します。装置全体がその 8,000rpm で回転すると、回転するネオジム磁石と起電コイルの電磁誘導現象によって起電コイル 1 個当たり AC17.5V の電圧が生まれ、起電コイル 4 個の直列接続の発生電圧は、AC70V になります。つまり、ＤＣモータへ供給した電圧 DC9V の 7.77 倍の電圧発生です。上記文献の
①<u>新たにつくり出されることも消滅することもありえないという</u>原理に当てはまら

— i —

はじめに

ないばかりか、ネオジム磁石と起電コイルの電磁誘導現象によって回転する運動エネルギが電気エネルギに変換され、しかも消滅するどころか増幅されるのですか「エネルギ**非保存の現象**」の例外現象です。

　ちなみに、「エネルギ**非保存の現象**」の例外には、①天体の運動、②天体の引力、③台風による風・降雨、④雷、⑤物質の質量、⑥潮汐、⑦**通電して磁化した鉄系金属の残留磁気（磁石）、⑧磁性体が近接するコイルを横切って通過するときの電磁誘導現象による発電、⑨蓄電池の充電放電**などがあり、これらのいずれも自然現象です。**本願発明は、上記の⑦、⑧および⑨を利用しています。**

　①天体の運動、②天体の引力、はエネルギの変換がありませんから「エネルギの変換論」では答えが出ない自然現象です。

　特許庁の審査官および審判官が並べ立てる、「**モータ及び発電機の効率が 100%より低いことは技術常識であり、当該技術常識を考慮すれば、前記トルク脈動レス発電機は、前記ＤＣモータに供給される電力よりも少ない電力を発電するものである。**」との文言は、**揣摩憶測**のデタラメであり、白馬非馬論、堅白同異論で知られる詭弁の大家公孫竜(BC32-BC250 頃)もおっ魂消る詭弁です。

　本書は、2015 年 1 月 31 日発行の著作「トル脈動クレス永久発電機・電力システムを考える」に続いて、その実用化モデルを設計した記録です。

2016 年 12 月 15 日

著　者

も　く　じ

はじめに… i

第1章　電力の自由化と自家発電システム…1
1.1　シャープが直流エアコン発売…1
1.2　シャープが進めているＨＥＭＳ (Home Energy Management System)…4
1.3　自家発電と蓄電池…6
1.4　再生可能エネルギの現状と将来—トルク脈動レス発電機時代の幕開け—…16
1.5　日本のエネルギ消費…18
1.6　第4世代の照明ＬＥＤ…20
1.7　電力の特徴—直流と交流—…24

第2章　トルク脈動レス発電機の特許取得への挑戦…31
2.1　特許出願と審査請求…31
2.2　拒絶査定および不服審判請求…31
2.3　不服審判請求書の全文…32
2.4　訴状の骨子—「エネルギー保存の法則」を撃砕する発明—…50
　　2.4.1　特許出願とその後の経過…50
　　2.4.2　「エネルギー保存の法則」が破られる…51
　　2.4.3　「エネルギー保存の法則」が破られた証拠…51
　　2.4.4　訴状の提出…54
　　2.4.5　「審決取消」の最大理由を図解した陳述書…55
　　2.4.6　「エネルギ非保存の現象」＝「エネルギ非保存の法則」…58
　　2.4.7　「エネルギ非保存の法則」の例外…60

第3章　高出力トルク脈動レス発電機（Ⅰ）…61
3.1　起電コイルおよび磁石の位置の違いによる起電力…61
3.2　磁極を入れ替えると起電コイル内の電流の向きが反転…63
3.3　起電コイル内の電流の向き…63
3.4　起電コイル両面で2倍出力の性能—ダブル電磁誘導—…65
3.5　両面貼付磁石と中空円形起電コイルの円周排列…68
3.6　磁石と花弁形(Petaloid)高出力起電コイルの円周排列…71
3.7　高速回転と振動…73
3.8　本格的な実用ＸＰＰ型機とＤＩＹ仕様の簡易ＸＹＺ型テスト機の製作…76
3.9　部品の製作図面…82
　　　【ＤＩＹ仕様ＸＹ型テスト機用の図面】…83〜94
　　　　部番 01 図面番号 DIY-ALT-0001　名称 モータ取付アングル、回転軸…83
部番 03 図面番号 DIY-ALT-0003　名称 軸受保持アングル…84
　　　　部番 04 図面番号 DIY-ALT-0004-1名称 軟鉄ヨーク芯…85
　　　　部番 05 図面番号 DIY-ALT-0005　名称 コイル保持ブロック(4極用)…86

もくじ

部番 05　図面番号 DIY-ALT-0005A　名称　コイル保持ブロック（6極用）…87
部番 06　図面番号 DIY-ALT-0006　名称　花弁形起電コイル巻線図…88
部番 07　図面番号 DIY-ALT-0007　名称　磁石排列板（4極用）…89
部番 07　図面番号 DIY-ALT-0007A　名称　磁石排列板（6極用）…90
部番 08　図面番号 DIY-ALT-0008　名称　軟鉄ヨーク円板（4極用）…91
部番 08　図面番号 DIY-ALT-0008　名称　軟鉄ヨーク円板（6極用）…92
部番 10　図面番号 DIY-ALT-0010　名称　カラーA…93
部番 11　図面番号 DIY-ALT-0010　名称　カラーB…93
部番 12　図面番号 DIY-ALT-0010　名称　カラーC…93
部番 13　図面番号 DIY-ALT-0014　名称　ベース板…94
部番 14　図面番号 DIY-ALT-0014　名称　ベース板補強角棒…94

【花弁形起電コイル実用ＸＰＰ型機用の図面】…95～108
部番 01　図面番号 UTIL-ALT-0001　名称　モータ取付フレーム、回転軸…96
部番 03　図面番号 UTIL-ALT-0003　名称　ケーシング…97
部番 04　図面番号 UTIL-ALT-0004　名称　据付フレーム…98
部番 05　図面番号 UTIL-ALT-0005　名称　モータ側軸受ホルダ…99
部番 06　図面番号 UTIL-ALT-0006　名称　後部軸受ホルダ…100
部番 07　図面番号 DIY-ALT-0004　名称　軟鉄ヨーク芯…101
部番 08　図面番号 UTIL-ALT-0008　名称　コイル保持ブロック…102
部番 09　図面番号 UTIL-ALT-0009　名称　花弁形起電コイル巻線図…103
部番 10　図面番号 DIY-ALT-0007A　名称　磁石排列円板…104
部番 12　図面番号 DIY-ALT-0008A　名称　軟鉄ヨーク円板…105
部番 13　図面番号 UTIL-ALT-0013　名称　カラーA…106
部番 14　図面番号 UTIL-ALT-0013　名称　カラーB…106
部番 16　図面番号 UTIL-ALT-0016　名称　冷却ファン…107
部番 17　図面番号 UTIL-ALT-0017　名称　ベース板…108

【購入部品の図面】…109～116
部番 101　図面番号 GPP-ALT-1001　名称　ＤＣモータ…109
部番 102　図面番号 GPP-ALT-1002　名称　オルダム形カップリング…111
部番 103　図面番号 GPP-ALT-1003　名称　深溝玉軸受…112
部番 104　図面番号 GPP-ALT-1004　名称　マグネット―リングタイプ―…113
　　　　　図面番号 GPP-ALT-1005　名称　端子台…114

第4章　既製品のエンジン発電機―実用発電機の見本―…117～128
【コラム―自動車のオルタネーター】…128

第5章　高出力トルク脈動レス発電機（Ⅱ）…129
5.1　市販の従来方式構造のエンジン発電機…129
5.2　平置き「長穴あき小判形コイル」のＦ型テスト機…131

もくじ

【コラム―強力すぎるネオジム磁石―】…136
5.3 平置き「小判形コイル」のトルク脈動レス実用発電機…137
5.4 コイル1個の起電力1.16倍トルク脈動レス実用発電機
　　　　　　　　　　　　　　　　　　　　―磁石サイズ20×40×7―…141
5.5 起電力19倍トルク脈動レス実用発電機―磁石サイズ25×50×8―…144
　　【コラム】ネオジム磁石とコアレス起電コイル使用のトルク脈動レス発電機…150
　　【コラム】ネオジム磁石の反発力…152
5.6 　一般家庭向け自家発電の時代…156
　　【コラム】トルク脈動レス発電機とジェット機の設計思想…157
　　【コラム】「気」―ネオジム磁石の磁気がおよぶ範囲―…160
5.7 　PEPSSの電力革命時代…161

第6章 19倍出力トルク脈動レスＸＬ型発電機の設計…168
6.1 多極コアレス起電コイルの特質…168
6.2 ＸＬ型発電機組立図と構成部品表…169
6.3 部品図面索引用ＸＬ型発電機の分解イラスト…171
6.4 製作部品…172
6.5 購入部品…186
6.6 コイル1個当りの起電力…192
★著作「ネオジム磁石とそのエネルギ利用法（2）」のもくじ★……195〜197

付　録…198〜211
１．太陽光発電のシステム導入にかかる費用…200
　　【コラム】畑作と太陽光発電の光シェアリング　その1…201
　　【コラム】畑作と太陽光発電の光シェアリング　その2…202
２．リチウム イオン蓄電池の価格（株式会社デジレコの例）…203
　　★商品案内…203
　　★モデルLIF-1600の仕様…204
　　★モデルLIF-5200の仕様…205
３．ＮＥＣのリチウム イオン蓄電池の仕様…206
４．リチウム イオン蓄電池は 急速充電 に強い…206
５．住友電気工業㈱のリチウム イオン蓄電池の３大特徴…207
６．リチウム イオン蓄電池の特徴…209
７．太陽光発電・蓄電の設置工事の専門店　Part 1…210
８．太陽光発電・蓄電の設置工事の専門店　Part 2…211

文　献…212

第1章　電力の自由化と自家発電システム

1.1　シャープが直流エアコン発売

図1-1 世界初の直流エアコンの記事（読売新聞2015年7月26日よりリメイク引用）

　シャープは、この直流エアコン、「ＤＣハイブリッド エアコン」を開発する前からＨＥＭＳ(Home Energy Management System)を進めてきており、太陽光発電の発電量、蓄電池の残量、商業電力などの電源の時間帯等を管理する「クラウドHEMS」で直流電源の「クラウド蓄電池」や並列接続する商業交流電力のＤＣ運転・ＡＣ運転を自動的に切り替える「ハイブリッド運転」システムを推進していました。

【ＤＣハイブリッド エアコンとクラウド蓄電池の利用区分】
① 太陽光発電時
　　「ハイブリッド パワー コンデイショナ」を介して「ＤＣハイブリッド エアコン」を運転し、余った電力を売電。
② 太陽光発電をしていない時
　　深夜に商業電力を「クラウド蓄電池」に充電したＤＣ電力をそのまま使って「ＤＣハイブリッド エアコン」を運転。
③ 深夜（夜間の電気料金が割安の時間帯）
　　商業電力で「ＤＣハイブリッド エアコン」を運転し、「ハイブリッド パワー コンデイショナ」を介して「クラウド蓄電池」に充電。

第1章　電力の自由化と自家発電システム

「クラウド蓄電池」を使用するには、次の三つシャープ製品が必要になります。
① 蓄電池本体
② ハイブリッド パワー コンデイショナ
③ クラウド HEMS

シャープの「**クラウド蓄電池**」を設置すると、蓄電池だけではなく、家電製品の消費電力などすべてをスマートフォンで「ＨＥＭＳコントローラ」を介して確認することができます。

また、遠隔で分電盤、エアコン、冷蔵庫などの家電、風呂の湯張りおよび**エコキュート**(EcoCute:自然冷媒ヒートポンプ給湯器)を操作することができます。

因みに、エコキュートは、他の外来語の頭に付けて「環境の」意味する「eco」、それに「給湯→cuto→cute」を加えた造語で関西電力の登録商標ですが、一般語化して政府・公共機関・企業各社が常套的に使用しています。

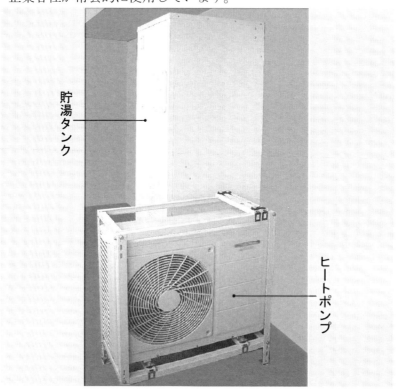

写真 1-1　エコキュート ユニット

世界初の直流エアコンは、「**シャープＨＥＭＳ**」の総仕上げ家電(図 1-2)であり、このシステムの電源として、自家発電用「**トルク脈動レス発電機**」を加えることで、夜間・曇天・雨降りで太陽光発電が発電しないときでも発電することができます。とりわけ、季節を問わず給湯に使用するエコキュートは、ヒートポンプユニット内のコンプレッサ駆動用のモータに電力を消費しますので商業電力よりも自家発電電力の使用が割安になります。

第1章　電力の自由化と自家発電システム

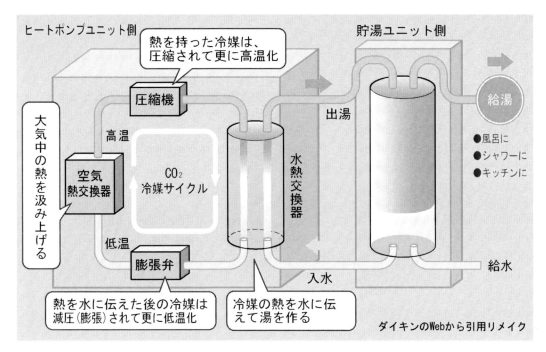

図1-2　エコキュートの仕組み（ダイキンのH/Pageから引用リメイク）

　エコキュートは、エアコンによる「エアコン冷房」の逆、「エアコン暖房」と考えて良く、その装置は「ガス燃焼給湯器」より高価ですが、商業電力の割安な深夜料金の利用、太陽光発電の直流電力の利用で電気料金を抑制でき、床暖房兼用多機能型エコキュートを選択して「エアコン暖房」をせずに済ませることもできます。
　正にＨＥＭＳ（Home Energy Management System）のオール電化住宅の一翼を担うティピカルな構成家電のひとつといえます。

【エコキュートの利点】
① ガス燃焼式給湯器に比べて光熱費が割安
② 電力自由化に伴い、電気利用プランの選択・組合せで電気料金割引が大きくなる
③ 停電時・断水時に貯湯を「非常用水」として活用できる
④ 湯の質がよい

【エコキュートの欠点】
① 低周波騒音の原因になる（隣家との距離、据付位置の検討要）
② 構造が複雑なため、機器の故障確率が高い（雨ざらししない）
③ 外気の熱を利用するので冬季には効率が落ちる（北風を避けた位置に据付要）
④ 貯湯タンクのスペースが必要（陽が当たる位置に据付要）
⑤ 貯湯時の放熱ロスがある（北風を避けた位置に据付要）

第1章　電力の自由化と自家発電システム

1.2　シャープが進めているＨＥＭＳ (Home Energy Management System)

　家電製品を手掛けている企業各社の内でＨＥＭＳを系統立てて分かり易く図解しているシャープは、「ＤＣハイブリッド エアコン」を開発しているだけに、しっかりした「エネルギ産業基盤」構築に熱の入れようが際だっています(図1-3、図1-5)。

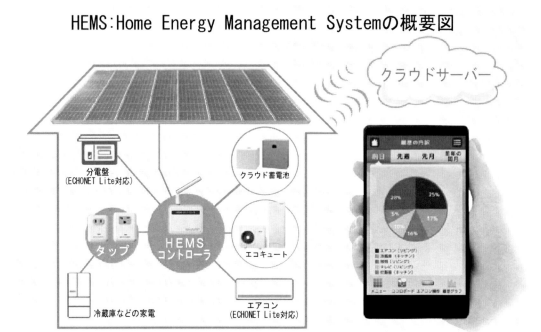

図1-3 HEMSの概要図(シャープのH/Pageから引用リメイク)

　ＨＥＭＳの現状では、停電時に備えて家庭での発電を太陽光発電の利用に頼っていますが、「クラウド蓄電池」に「トルク脈動レス発電機」を連携させることで商用電力を一切利用しない「パーフェクトＨＥＭＳ」になります(図1-4)。

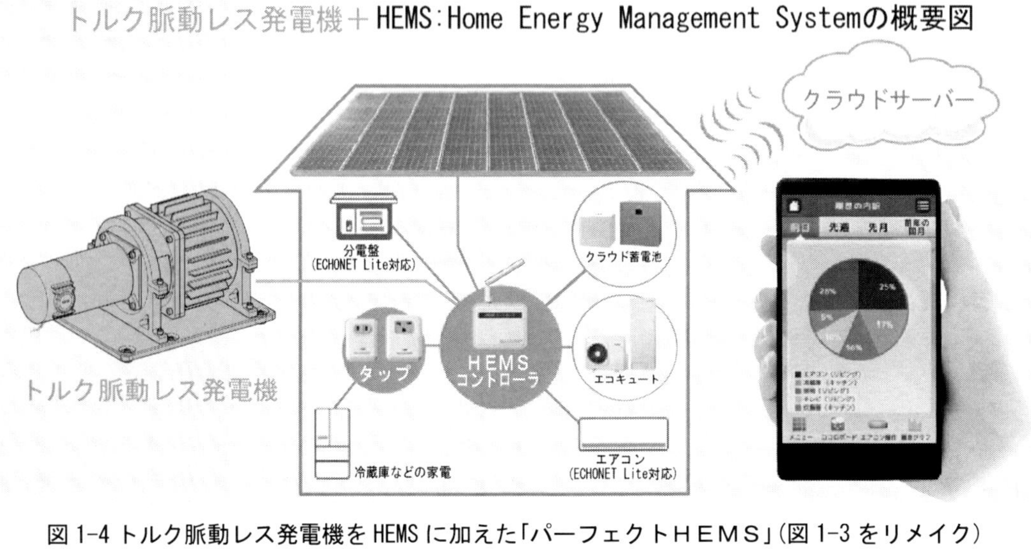

図1-4 トルク脈動レス発電機をHEMSに加えた「パーフェクトＨＥＭＳ」(図1-3をリメイク)

-4-

第1章　電力の自由化と自家発電システム

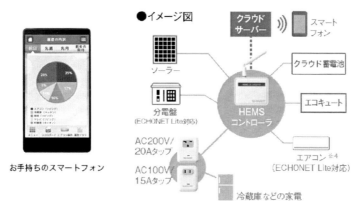

図 1-5　スマートフォンでクラウドサーバー（別売）を介して HEMS コントローラを操作

　2016 年 4 月から開始される電力自由化の一環、政府は電力をディジタルで計測する次世代電力計「**スマートメータ**」の導入を進めています（図 1-6）。

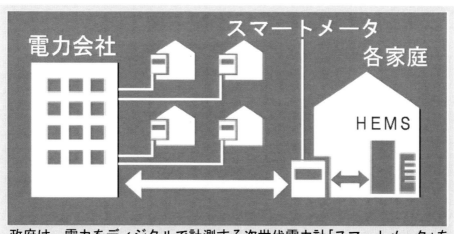

図 1-6　ディジタル電力計「スマートメータ」（三菱電機の H/Page より引用リメイク）

それは、「太陽光発電システムと商業電力との連携」を想定した近い将来のゼロ エネ

第1章　電力の自由化と自家発電システム

ルギ ハウス（ＺＥＨ）実現への布石にほかなりません（図1-7）。

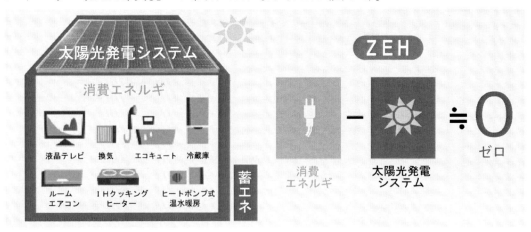

図1-7　ゼロ エネルギ ハウス［ＺＥＨ］（三菱電機のH/Pageより引用リメイク）

1.3　自家発電と蓄電池

　自家発電は①「風力発電」と②「太陽光発電」が主ですが、どちらも「お天気頼り」ながら、隣家に太陽電池モジュールの反射光公害をもたらす場合があるのを除けば、家屋の屋根に設置できて騒音を発生させない②「太陽光発電」が多く使用されています。

　「太陽光発電」は、一年365日休むことなく稼働して発電する電力会社の交流電力と異なり、発電した直流電力を蓄電池に貯めることができますし、その利用には蓄電池が不可欠です。

　蓄電池には鉛蓄電池、ニッカド蓄電池、ニッケル水素蓄電池、リチウム イオン蓄電池などがあり、ＨＥＭＳには質量エネルギ密度・体積エネルギ密度共に大きいリチウム イオン蓄電池が使用されています（図1-8）。

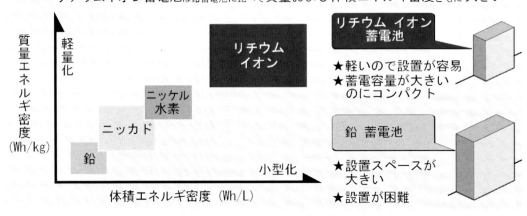

図1-8　リチウムイオン蓄電池

　リチウム イオン蓄電池の軽くてコンパクトな特質は、電動モータ式飛行機にも使用されました。2015年1月3日付けの読売新聞が宇宙航空研究開発機構（JAXA）がリチウムイオン電池と電動モータを動力源にして飛ぶ飛行機の推進システムを完成させ、電

-6-

第1章　電力の自由化と自家発電システム

気飛行機の有人飛行テストを2月に岐阜県内で始める計画を報じました(図1-9)。

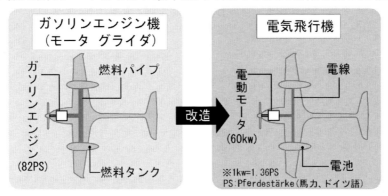

図1-9 JAXAの有人電気飛行機(2015年1月3日付け読売新聞の画を引用リメイク)

小型プロペラ機の機体を改造したモータの最大出力60kwは、ガソリン エンジンの約82馬力(82PS)に相当します。テスト飛行は航空自衛隊岐阜基地の上空300mを5分間、時速150kmで飛行する計画ですが最長15分間しか飛べないそうです(写真1-2)。

写真1-2 JAXAのモータグライダ(JAXAのWebサイトから引用)

予定通り2015年2月に実施された電動推進システム搭載の有人飛行実証試験機の仕様がWebサイトに掲載されています(表1-1)。

表1-1 実証試験機の仕様(JAXAのWebサイトから引用)

原型機	Diamond Aircraft式 動力滑空機 HK36TTC-ECO型
全幅	16.33m
全長	7.28m
主翼面積	15.3㎡
全備重量	800kg
座席数	1(原型機:2)
モータ方式	永久磁石形同期モータ(4連)
最大出力	60kw
電力源	Liイオンバッテリ(75Ah,128V)
インバータ素子	IGBT
冷却方式	水冷

電気飛行機は、欧米が先行していて約400kmの飛行例があり、JAXAによると100席クラスの大型機も夢ではないと言います。電動モータは内燃エンジンよりも燃費が優れていて運航費が4割安くなるそうです。

-7-

第1章　電力の自由化と自家発電システム

　電気飛行機は、リチウムイオン電池のみの放電電力では最長15分間しか飛べませんでしたが、小形・軽量で充放電効率が高いそのリチウム イオン電池を採用した「**トルク脈動レス永久発電機電力システム**」を利用することで飛行時間を延ばすことが可能と思います。つまり、プロペラを両翼に付けて発電機を駆動させる方式です。

【リチウム イオン蓄電池誕生の略歴】

　1960年代にリチウムを蓄電池に使用するアイデアはありましたが、リチウム イオン電池が実用化されたのは1985年になってからであり、吉野彰たちが負極に結晶構造をもつ炭素材料を使用し、正極には1980年にジョン＝グッドイナフと水島公一らが発見したリチウムを含有するコバルト酸リチウム($LiCoO_2$)を使用して誕生しました。リチウム イオン電池は、携帯電話、ノートパソコン、デイジタルカメラ、携帯用音楽プレイヤなど、広い分野の電子・電気機器に搭載され、自動車の動力源にも使用されています。

【リチウム イオン蓄電池のメーカー】

　家庭用リチウム イオン電池のメーカーには、京セラ(7.2kWh タイプ)、東芝(6.6kW タイプ)、NEC(7.8kWh タイプ)、長州産業(6.4kWh タイプ)、4 R ENERGY Co.(12kWh タイプ)などがあります。シャープは4.8kWh タイプをH/Page に載せています。

表1-2 リチウム イオン蓄電池の商品情報(施工企業 ㈱サンユウのH/Page から抜粋引用)

項目 ＼ メーカー 型式	京セラ EGS-LMA	京セラ EGS-LMB	東芝 ENG-B6630A2-N2	NEC ESS-003007C0	長州産業 ※	4 R ENERGY EHB-240A030
大きさ(WxHxD, cm)	90x125x35	90x125x35	78x100x30	98x115x30	40.6x64x16.5	110x105x31
蓄電容量	7.2kWh	7.2kWh	6.6kWh	7.8kWh	6.4kWh	12kWh
連続使用時間	12.6時間 停電時、430Wで 使用した場合	12.6時間 停電時、430Wで 使用した場合	12.2時間 停電時、430Wで 使用した場合	14.6時間 停電時、430Wで 使用した場合	13.4時間 停電時、430Wで 使用した場合	※※ ※※※
充電時間 (フル充電)	4～5時間 (通常時)	4～5時間 (通常時)	約4時間 (通常時)	約8時間 (通常時)	約6時間	約8時間
保証期間	10年	10年	10年	10年	10年	10年
出力：通常時 　　　停電時	2.5kW 1.5kW(＊)	2.5kW 1.5kW(＊)	3kW 2kW(＊)	3kW 1.5kW(＊)	— 1.5kW(＊)	3kVA 3kVA
定価：本体 (税別) 分電盤	240万円 4万9千円	240万円 7万7千円	270万円 6万9,800円	オープン価格	240万円 16万円	380万円 7万円
補助金額	51万666円	53万666円	49万8,666円	56万2,666円	46万8千円	75万666円

　　　　　　　　＊ 100Vのみ　　※ 太陽光発電システムとのセット商品
　　　　　　　　　　　　　　　　※※ 公証4000サイクル
2016年2月現在　　　　　　　　　※※※ 一般家庭の消費電力(12kWh)で1日分使用可能

【リチウム イオン蓄電池の施工】

　最近、家屋の屋根にではなく、筆者宅の近所の遊休地(元水田の空き地)に太陽光発電のモジュールパネルが幾つも設置されるのが目立ちます。その面積が300坪ほどと広く、隣接の住宅がないので電力会社への売電専門と分かります。地主自身ではなく専門の業者が工事しています。

第1章　電力の自由化と自家発電システム

　上記の家庭用リチウム イオン電池のメーカーの商品情報は、据え付け工事専門の企業、㈱サンユウ(東京都北区滝野川 7-18-1 APTO ビル 201)の H/Page 掲載の記事から引用しましたが、多くの施工例の写真も紹介されています(写真 1-3)。

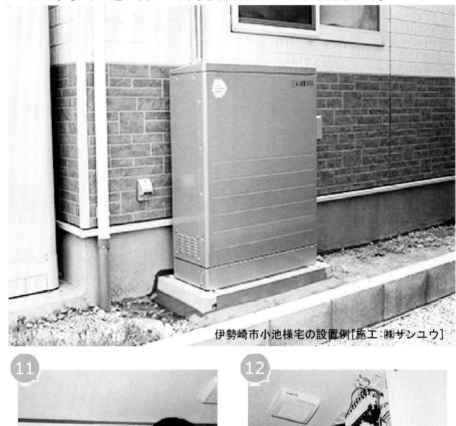

写真 1-3　リチウム イオン蓄電池の据付施工例(㈱サンユウの H/Page より引用)

第1章　電力の自由化と自家発電システム

設置までの流れ

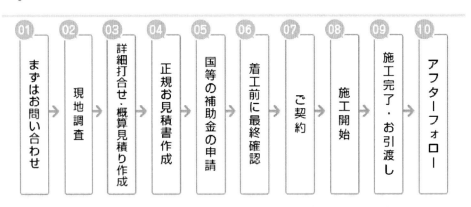

図1-10 設置までのフロー図(㈱サンユウのH/Pageより引用)

　しかし、外装筐体の写真を載せていても電圧DC3.7Vの単電池モジュールの画像はありませんのでドイツの製品をWebで探し当てました。
　電圧DC3.7Vの単電池モジュール11個を直列につないでDC40V・40AhのVARTA製リチウムイオン電池がドイツ南西部ライン川上流バーデン＝ヴュルテンベルク州ライン＝ネッカー郡のアルトルスハイム(Altlußheim)のオートビジョン自動車博物館(アウディの子会社NSU GmbH所有)に展示されています(写真1-4)。

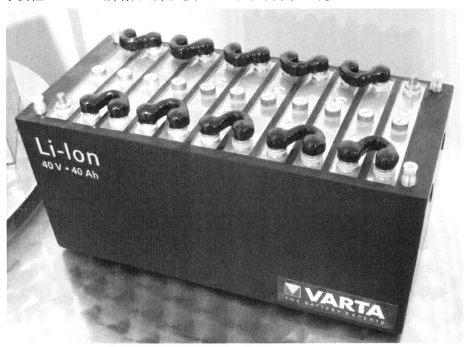

写真1-4 ファルタ マイクロ バッテリ社のリチウム イオン蓄電池(蓄電容量40V 40Ah)

　ファルタ マイクロ バッテリ社が14.8Vタイプを製造しているかどうかは分かりませんが、写真1-4の画像を利用して単電池モジュール4個の画像にしてみました(写真1-5)。

第1章　電力の自由化と自家発電システム

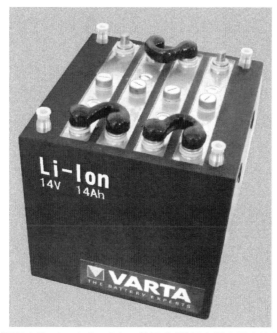

写真 1-5　リチウム イオン蓄電池（蓄電容量 14V 14Ah）

【蓄電池の容量と表示】

　前出のリチウム イオン蓄電池の商品情報(表 1-2)の2段目に「蓄電容量　7.2kWh」が記載されていますが、その「Wh」とは何でしょうか？
　W(ワット)は電力
　h (アワー)は時間、1hは1時間　を表します。

　電力(W)は電圧と電流の積ですから
　W＝電圧(V)×電流(A)

　Wh(ワットアワー)は電力と時間の積ですので
　Wh＝電力(W)×時間(h)　→　Wh＝電圧(V)×電流(A)×時間(h)になります。

　具体例として、「12V　30Ahの蓄電池」は、「360Whの蓄電池」といえます。
　60Wの電力なら6時間
　120Wの電力なら3時間
　360Wの電力なら1時間
　の電力を取り出せる蓄電容量の蓄電池ということになります。

　シャープのHEMSのクラウド蓄電池は、4.8kWhの蓄電容量で図 1-11 の「機器使用時間の目安」が同社のH/Pageに図解されています。

第1章　電力の自由化と自家発電システム

図 1-11 リチウムイオン蓄電池の能力（シャープの H/Page から引用）

　因みに、筆者宅の東京電力との契約電力は 40A ですので 40A×AC100V＝4000VA（4kW）になります、600W の電子レンジ 4 台と 1,250W の炊飯器を同時に使用しても配電盤のブレーカはシャットダウンしません。

　シャープのクラウド蓄電池 4.8kWh の場合は、電子レンジ 6 台を同時に使用しても 1 時間使用できる勘定になります。

【商用電力・太陽光発電も不必要になる「トルク脈動レス発電機」による自家発電】

　シャープのHEMSをはじめ、HEMSの商品化を手掛けているその他の企業も「商業電力＋太陽光発電」の連携を前提としています。つまり、夜間と雨天・曇天時に商業電力、昼間に太陽光発電による電力利用のパターンです（図 1-12）。

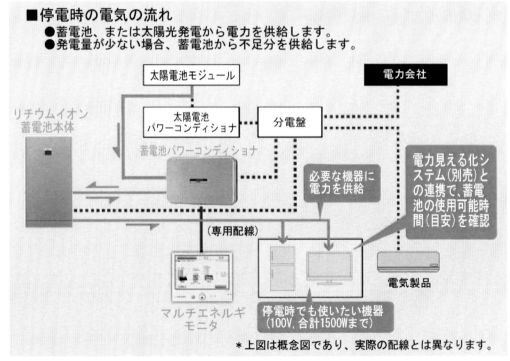

図 1-12 停電時のHEMSの電気系統模式図（シャープの H/Page から引用）

-12-

第1章　電力の自由化と自家発電システム

しかし、昼夜休み無く発電し続ける「**トルク脈動レス発電機**」を「ＨＥＭＳ」に組み込むと、電力会社からの電力を購入しなくて済み、太陽光発電による電力も必要ありません。万が一の故障に備えて「トルク脈動レス発電機」2基を設置しても金額は高が知れています(図1-13)。

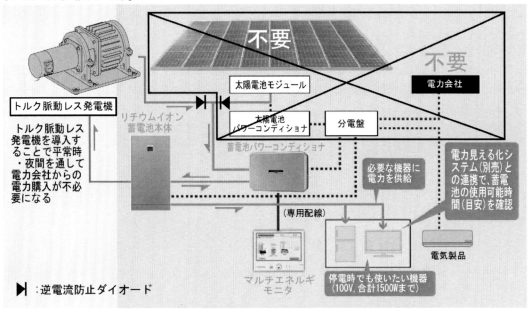

図1-13「トルク脈動レス発電機」をＨＥＭＳに加えた電気系統模式図

【「トルク脈動レス発電機」の交流電力の直流化】

太陽光発電による電力は直流ですからそのままリチウム イオン蓄電池の充電に利用できます。しかし、「**トルク脈動レス発電機**」の交流電力は、その一部を駆動源のＤＣモータに「**回生電力**」として供給し、「**永久発電システム**」として機能させるには、先ず直流電力に変換してバッテリに充電する必要があります。アマチュアが製作できる「**連続制御方式**」およびスイッチング方式による直流定電圧電源を紹介します。

＊＊＊＊＊＊＊＊＊＊＊＊＊＊＊＊＊ コラム ＊＊＊＊＊＊＊＊＊＊＊＊＊＊＊＊

連続制御方式電源とスイッチング方式電源の比較

項目	連続制御方式	スイッチング方式
効率	低い(20～50%)	高い(65～90%)
安定度	高い	普通
脈流ノイズ	小さい(10mV以下)	大きい(10～200mV)
応答速度	速い($10\mu s$～1ms)	普通(0.5～10ms)
不要輻射	商用周波数の輻射	スイッチング周波数～百数十MHzのノイズ発生
入力電圧	広い入力範囲をとると効率低下	広い入力範囲可能。100/200V連続入力可
回路	簡単。部品点数少ない	複雑。部品点数多い
外径寸法	大きい	小さい(連続制御方式の1/4～1/10)
重量	重い	軽い(連続制御方式の1/4～1/10)

第1章　電力の自由化と自家発電システム

　スイッチング方式による直流定電圧電源は、比較的廉価な商品が幾つかのメーカーから販売されていますので敢えて**「連続制御方式」**の機器を自作するよりも得策です。
　しかし、「交流→直流変換」の仕組みを知っておく必要があります。
　「商用電力」の他に、回生電力も変圧して直流電力に変換する場合を含め、交流AQC100Vの電力をトランス(変圧器)でAC24Vに落としてダイオードブリッジ モジュールを使用して直流電力に整流する全波整流回路を例示します(図 1-14)。
　整流した直流電圧は、交流電圧波形のマイナス部がカットされた**脈流電圧**(Ripple Voltage)ですが、負荷と並列にコンデンサを接続することにより、コンデンサに蓄えられた電気が脈流電圧を平滑にして安定した直流電圧が負荷に加わります。
　なお、変圧されたAC24Vは交流電圧の「実効値」ですので直流電圧に変換すると約1.4倍の約30V(24×1.414×0.91＝30.88)になります。

【整流回路】

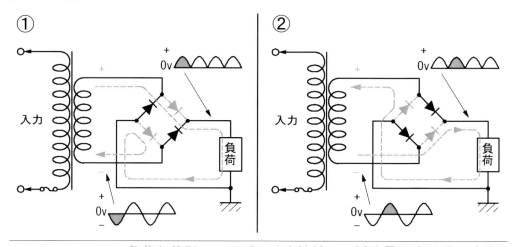

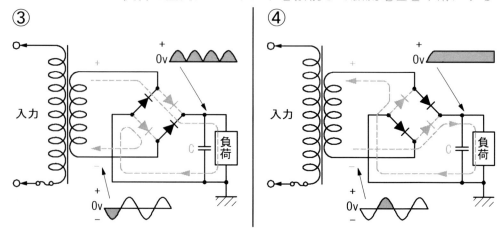

図 1-14　ダイオード ブリッジを使用した全波整流回路図

第1章　電力の自由化と自家発電システム

【スイッチング方式による定電圧直流電源】

　スイッチング方式による直流定電圧電源のメーカーには、イーター電機工業㈱、ＴＤＫ-ラムダ㈱、コーセル㈱、オムロン㈱およびフェニックス コンタクト㈱などがあります。

　本書の「**トルク脈動レス発電機**」駆動用ＤＣモータ（澤村電気工業㈱製モデルSS60E6）の定電圧直流電源にはＴＤＫ-ラムダ㈱の HSW150-12/A（入力：AC85～265V または DC120～370V）を選びました（写真1-6）。

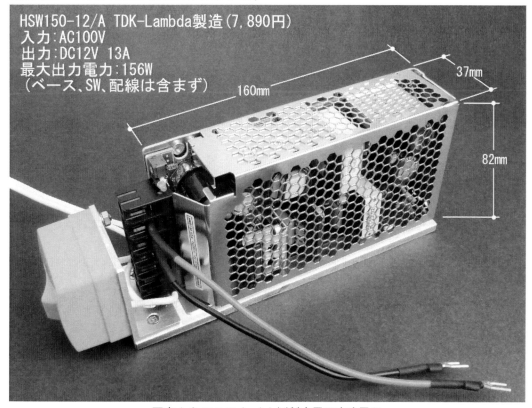

写真1-6　ＴＤＫ-Lambda㈱製定電圧直流電源

【定電圧直流電源のメーカー】

★イーター電機工業㈱　〒144-8611　東京都大田区本羽田 2-16-10
★ＴＤＫ-ラムダ㈱　〒108-2-0023　東京都港区芝浦 3-9-1
★コーセル㈱　〒930-0816　富山県富山市上赤江町 1-6-43
★オムロン㈱　〒600-8530　京都市下京区塩小路通堀川東入南不動町 801㈱
★※フェニックス コンタクト ジャパン　〒222-0033　神奈川県横浜市港区新横浜 1-7-9
　※PHOENIX CONTACT（ドイツのインターフェースのトップメーカー）

　上記の企業の製品は、㈱MonotaRO の H/Page に載っていますので通販で購入することができます。しかし、企業の製品全部は載っていませんので各社の H/Page を開いて検索してください。

第1章　電力の自由化と自家発電システム

1.4　再生可能エネルギの現状と将来―トルク脈動レス発電機時代の幕開け―

　二酸化炭素をほとんど出さずに発電できる「再生可能エネルギ」にバイオマス発電が含まれるかは疑問ですが、政府は14年後の2030年には2014年度の発電量の約6倍に引き上げる計画です(図1-15、図1-16)。

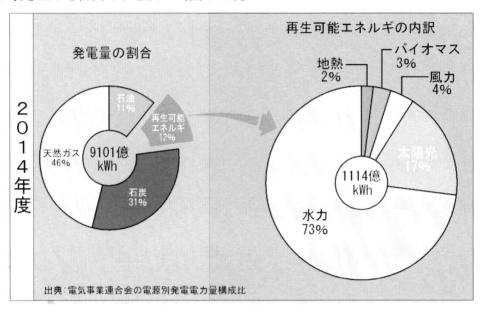

図1-15 2014年度の電源別電力量構成比率

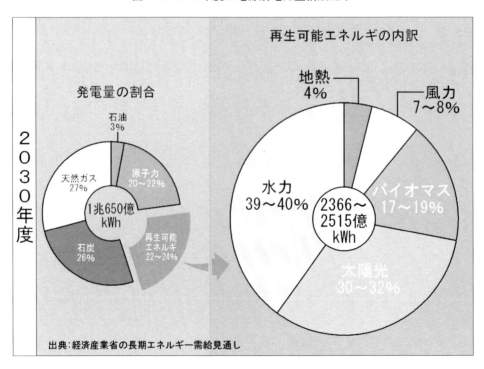

図1-16 2030年度における電源別電力量構成予測比率

-16-

第 1 章　電力の自由化と自家発電システム

　しかし、上記の 2 例図を比較してみますと、発電量全体に占める「再生可能エネル
ギ」の割合では 14 年間で約 2 倍に過ぎず、福島県の第一原発事故以降鳴りを潜めてい
た原子力発電が「再生可能エネルギ」と同程度の割合に返り咲いているのが目立ちます。
天然ガスと石油をむりやり減らして、原子力とバイオマスで埋め合わせした机上の算
盤勘定の辻褄合わせを感じます。

　発電に必要な費用は発電方法によって異なりますが、原子力発電が最も安上がりな
のは、使用済み核燃料の処理費用を除外していますので実質はこの数値よりも高くな
ります。それに、2011 年の東京電力の第一原子炉破損事故による放射性物質撒き散ら
しの収拾費用の例を含めると膨大な金額になりますし、金銭問題だけでは済まない大
災害になります。

　化石燃料の石炭・天然ガスによる火力発電は、燃料代が低価格で推移している現状
ではこの程度の金額で安定していますが将来上昇するのは目に見えています(図
1-17)。風力発電は、プロペラブレードの経年劣化と強風による破損、設置密度の低さ
によるマスプロ効果のコストダウンを期待できません。

　太陽光発電は、発電パネルが高価であり、住宅用太陽光発電システムの設置容量を
6 kW とし、蓄電池容量を 7.2kWh にした場合の太陽光発電分と蓄電池分の設備費の割
合を試算しますと、「**太陽光発電分 228 万円:蓄電池分 147 万円＝ 6 : 4**」になります。

　この比率を図 4-17 右端図の「1 kWh 当たりの発電コスト」に当てはめて、太陽光発電
分を製造コスト 17〜20 万円の「**トルク脈動レス発電機**」に代えてみますと、図中央の「B
―C 間」の図になります。

　「**トルク脈動レス発電機＋リチウムイオン蓄電池**」による発電コストは、石炭火力発
電・天然ガス火力発電とほぼ同じになります。火力発電と違って「**燃料費ナシ**」、従っ
て地球温暖化の元凶とされる「**二酸化炭素ガスの排出ナシ**」、燃料電池自動車の「**水素製
造**」にも低コストで利用できる正に「**理想の無公害発電システム**」です。

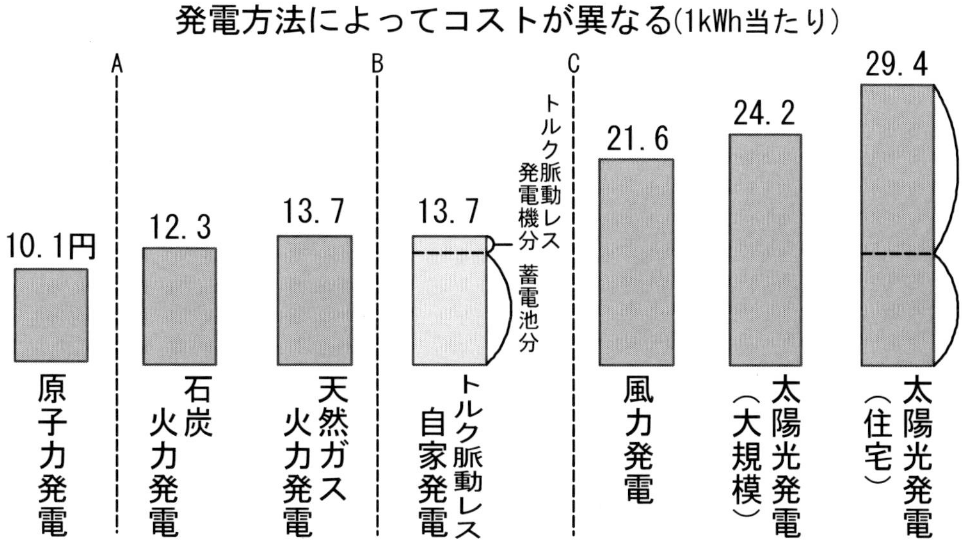

発電方法によってコストが異なる(1kWh当たり)

図 1-17 発電のコスト(2016 年 3 月 2 日付け産経新聞 17 面より引用・加筆リメイク)

第1章　電力の自由化と自家発電システム

1.5　日本のエネルギ消費

　日本全体のエネルギは約 13%が家庭で消費され、その中の約 36%が風呂・シャワー・キッチンおよび洗面所などの給湯用、約28%が冷暖房、それに照明や動力用に約36%が使用されています(図1-18)。

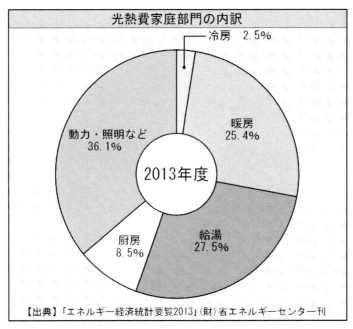

図1-18 家庭の光熱費の内訳(2013年度)

　これまでにシャープのＨＥＭＳ(Home Energy Management System)におけるエアコンと給湯の2例を見てきましたが3大光熱費のひとつの照明器具に①炎(写真 1-7)→②白熱電球→③蛍光灯に続く第4世代の照明の④ＬＥＤ(Light Emitting Diode)があり、2008年4月に経済産業大臣が白熱電球の生産中止を電機業界に要請し、国内大手の各電機メーカーが白熱電球生産事業より撤退しました。

写真1-7 ①炎による照明

　また、政府は1951年から使用されてきた蛍光灯も2020年までに国内生産と国外からの輸入を禁止してＬＥＤに切り替える方針を固めました。

-18-

第1章　電力の自由化と自家発電システム

　白熱電球は、英国のジョゼフ　スワンが1860年に発明・実用化しましたが、1879年に本格的に商用化したトーマス　エジソンが発明したと小学生や中学生だけでなく、大人達の多くが信じています。フィラメントには日本の竹を蒸し焼きして作った炭素繊維を使ったとも言われ、エジソンの実験で40時間灯った時の絵が有名な絵があります。
　その後、現在市販されている白熱電球は改良されて1,000時間程度の寿命になりますが、電源は直流・交流を問わずに点灯し、蛍光灯に見られる不可避のチラツキがなく、発光の原理上放射光の「分光分布」が黒体放射に近いために人工光源の中では「**演色性**」に優れています。しかし、白熱電球は第4世代の照明とされるＬＥＤの3倍のエネルギを消費することから152年の歴史を閉じます(図1-19)。

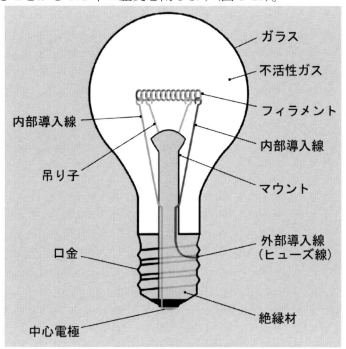

図1-19　白熱電球の構造

　蛍光灯は1951年から使用されていますが、2020年には国内生産・外国からの輸入もされなくなります(図1-20)

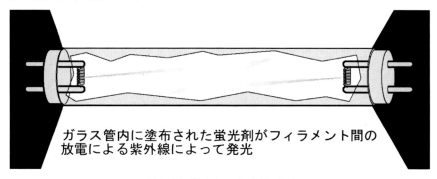

図1-20　蛍光灯の発光模式図

第1章　電力の自由化と自家発電システム

1.6　第4世代の照明LED

　直流電圧を加えると発光するダイオードは、1962年にGEの研究所で科学コンサルタントとして勤務していたニック ホロニャック(Nick Holonyak Jr. 1928-) (写真1-8)が発明し、黄色発光ダイオードが1972年にジョージ クラフォードによって発明され、青色発光ダイオードが赤崎・天野・中村の3氏によって発明され、その功績により2014年のノーベル物理学賞を受賞しました。

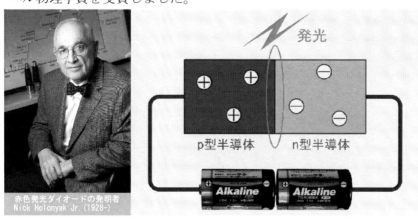

写真1-8 ニック ホロニャックおよび半導体発光の模式図

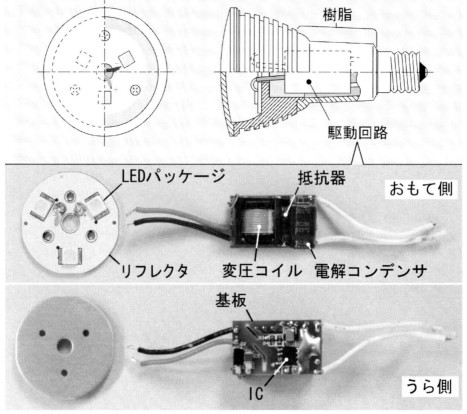

図1-21 4WのLED灯の画図と駆動回路の現物写真

第1章　電力の自由化と自家発電システム

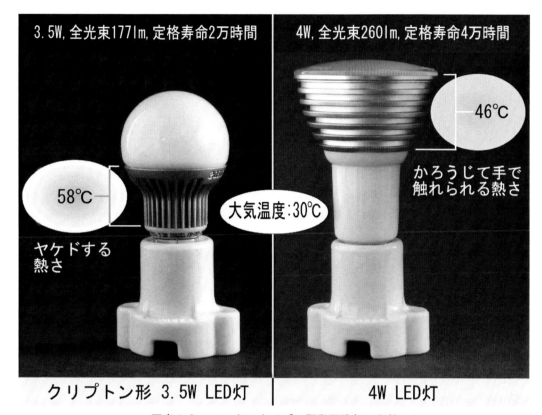

写真1-9　LED灯2タイプの駆動回路部の発熱

　LEDは発熱が少ないとは言え熱に弱いために、高出力品では電流量にほぼ比例して発熱しますのでヒートシンク等で適切に放熱しないと「効率低下」や「寿命短縮」でLEDの利点が失われ、発煙・発火の事故に至ることも起こります。
　外気温が高い夏期には不十分なヒートシンクのクリプトン球では触手するとヤケドするほどの発熱、また外観を損なうほどのヒートシンクのタイプでも熱い風呂湯の温度になります（写真1-9）。

【LEDの寿命】
　LEDの消費電力が白熱電球の1/3で寿命が20倍は最大の利点ですが、電流を増やすと明るさがアップし、発熱量もアップしてLEDチップを封入している樹脂の劣化が早くなって寿命が短くなります。

表1-3　4Wパナソニック電工のLED灯

60形白熱灯器具とMFORCEとの比較　　　　　　　（2007年2月1日 パナソニック電工のデータより）

	A.60形白熱灯器具	B.MFORCE搭載器具	Aに対する比較
平均照度	約60ルックス	約70ルックス	ほぼ同等
寿命	約2,000時間	約40,000時間	約20倍
消費電力	約60W	約17.5W	約1/3

【条件】　設置高さ:3m、照度分布:高さ1mの水平範囲 2m×2m

　照明用高出力・光演色LEDユニットの商標「MFORCE」で商品化したパナソニック電

第1章　電力の自由化と自家発電システム

工は、ＬＥＤの器具寿命を「照明に用いられる白色ＬＥＤの寿命定義」の光束維持率を従来の 50%から蛍光ランプと同じ 70%に設定しているとホームページに述べています。つまり、熱に弱いＬＥＤの弱点を改善する方法として、ＬＥＤチップ、ＬＥＤユニット、器具本体を密着成形して放熱性を飛躍的に高めたと言います(表 1-3)。

【ＬＥＤの演色性】

また、白色ＬＥＤの構成を従来の「青色ＬＥＤ＋黄色蛍光体」から「青色ＬＥＤ＋赤・緑色蛍光体」に構成を変更して蛍光ランプを上回る演色性、「**平均演色評価数(Ra)**」で 90 をクリアしたとも言います。

平均演色評価数(Ra) は、自然光で見える物の色を基準にして、自然光に近いものほど「良い・優れる」とし、かけ離れたものほど「悪い・劣る」と判断するための客観的色彩表示法のひとつで、1931 年に国際照明委員会(Commission Internationale de l'Éclairage)において制定されました。

人工光源の中で「**演色性**」に優れている白熱電球の発光色については前述しましたが、1951 年から使用されている蛍光灯も改良されて**平均演色評価数(Ra)**「84」の商品が東芝ライテックから販売されています。しかも、3波長域発光形(愛称メロウライン)には、昼光色・昼白色・白色・温白色・電球色の5種類の色合いがあり、微妙な体感雰囲気を醸しています(表 1-4)。

筆者がいろいろな種類の蛍光灯を試用しての推測ですが、東芝ライテックの技術者は「白色・明るさ」達成を前提として、いろいろな発光体を試料として実験している過程で「白色」に微妙な差違があることに気づき、発光体の経年劣化も研究して商品化したと思います。**平均演色評価数(Ra)** の数値のみでは表せないのが「色彩」です。

表 1-4 東芝ライティングの蛍光灯、蛍光ランプの演色性・光色による区分

蛍光ランプのタイプ	光源色	平均演色評価数(Ra)	特　徴
3波長域発光形(メロウライン)	昼光色(EX-D)	84	高効率と高演色性を実現させた3波長形蛍光ランプ。やや青味のある光色ですっきりとした白さを表現し、洗練したイメージが得られます。
	昼白色(EX-N)	84	高効率と高演色性を実現させた3波長形蛍光ランプ。当社蛍光ランプの中で特に明るく、食品、食器、衣類など物の色が美しく自然に見えます。
	白　色(W)	84	高効率と高演色性を実現させた3波長形蛍光ランプ。相関色温度が4,000Kですから、照明空間を明るく、活気のある雰囲気で満たします。
	温白色(EX-WW)	84	高効率と高演色性を実現させた3波長形蛍光ランプ。相関色温度が3,500Kですから、照明空間を明るく、かつ落ち着いた柔らかな雰囲気で満たします。
	電球色(EX-L)	84	高効率と高演色性を実現させた3波長形蛍光ランプ。白熱電球のようなあたたかい光色が得られ、落ち着きと安らぎのある雰囲気をつくります。
普通形(スタータ形)	昼光色(D)	74	3波長域発光形にくらべ演色性が劣りますが経済性を重視した設計です。
	白　色(W)	61	
	温白色(WWW)	60	

東芝ライテックのホームページより引用リメイク

-22-

第1章 電力の自由化と自家発電システム

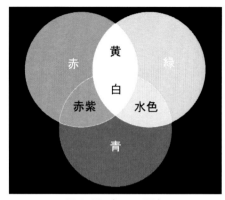

図1-22 光の三原色

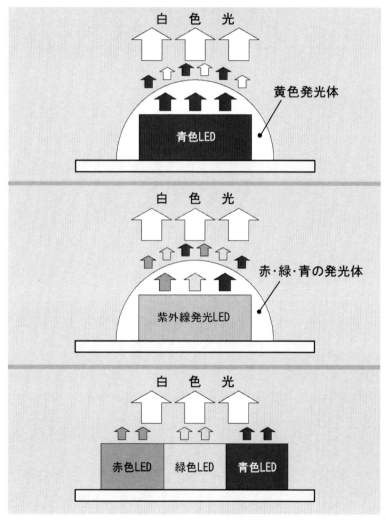

図1-23 白色LED化する方法

　白色LEDは、①3種の発光ダイオードチップによる方法、②紫外線発光ダイオードチップ＋赤・緑・青の発光体による方法、③青色LED＋黄色発光体による方法が

ありますが、①は3種の発光ダイオードチップにバラツキがあって最善ではなく、②は紫外線の熱が発光体の劣化を助長します。③は「**演色性**」に欠ける、などの問題点があり、パナソニック電工のMFORCEは、赤緑色発光体を使用して「**平均演色評価数(Ra)**」90をクリアしたことは前述しました。

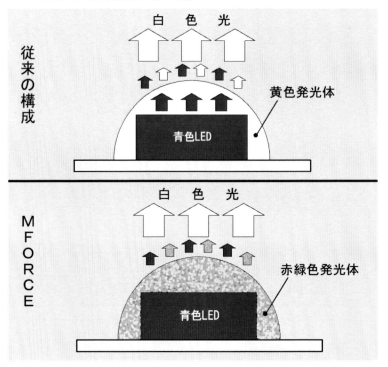

図1-24 パナソニック電工の「青色LED＋赤・緑色蛍光体」による白色LED

＊＊＊＊＊＊＊＊＊＊＊＊＊＊＊＊＊＊＊＊

エネルギ消費の節約が求められる今日、家庭の電力消費量の1/3を占める光熱費の節約政策としての①**白熱電球の生産・使用禁止**、②**蛍光灯の生産・輸入禁止の法制化**に当たり、以上紹介してきましたLED照明の「**長寿命化**」、パナソニック電工のMFORCEに見る「**演色性**」確保の達成によって憂いがなくなります。

しかも、LED照明の電源は、太陽光発電の直流を使用できますので今日の交流→直流変換の「駆動回路」が必要なくなります。

それに「**トルク脈動レス発電機**」による自家用発電電力を加えることで日本全国の電力消費の13%を節約できます。

前出のシャープの「世界初直流エアコン」に加えて、エコキュートの直流化も容易ですし、シャープのHEMS(Home Energy Management System)をインフラとして、それに「**トルク脈動レス発電機**」による自家用発電システムを組み入れることは容易です。原子力発電を全廃しても電力不足の心配も解消します。

1.7 電力の特徴—直流と交流—

「トルク脈動レス発電機」の発生電力は交流ですので、その発電電力の一部を回生して発電機駆動用DCモータに利用するには変圧器とダイオード ブリッジ モジュール

第1章　電力の自由化と自家発電システム

を介して蓄電池に充電する必要があります。それには、日本の優れた産業基盤の恩恵、前出の「**定電圧直流電源**」を利用できます。

　交流電力の最大の長所は、変圧器で「電圧」を自由自在に変圧できますが、最大の欠点は「**電力を貯めることができない**」ことです。

　「トルク脈動レス発電機」を駆動するにはＡＣモータを使用できても、発電した交流電力を「**リチウム イオン蓄電池**」に充電するには、直流に変換しなければなりません。

　インバータで交流に再変換することも考えられますが、太陽光発電の直流電力と連携させる場合には難があります。電力は、「交流→直流」および「直流→交流」の変換の度に約10％のロスがあります。つまり、太陽光発電と「トルク脈動レス発電機」による発電の足並みを揃えるには、「トルク脈動レス発電機」のみの発電にするか、太陽光発電のみにするか、どちらを選択するかは今後の課題になります。

　1886年代に直流派のエジソン電灯会社と交流派のウエスチングハウスエレクトリック社との「電流戦争」、直流と交流のどちらが電気の「スタンダード」になるかを争った電気の将来をめぐる戦争が知られています。

●**直流**
① 電線の中でパワーを失うため、直流発電所は消費者の近くに建設する必要がある
② 太い電線が必要(高コスト)
③ 電圧の変換ができない

●**交流**
① ロスが少ない高電圧送電で遠くまで送電できる
② 細い電線で送電して変圧器で電圧を変換できる(低コスト)
③ 誘導電動機を使用できる

これらの他、交流には以下の特質があります。

【**交流の実効値**】
　交流をオシロスコープで測定すると、電圧および電流の大きさが図1-25右図のように極性が時々刻々変化していますので、どの瞬間の値をもって電圧値または電流値というのか特定できません。直流と同じ効果を表すべき平均値をもって、それを表しています。これを実効値と言います。

　家庭で使用している電力の AC100V は実効値でして最大値は AC100V×$\sqrt{2}$＝AC141V になります。

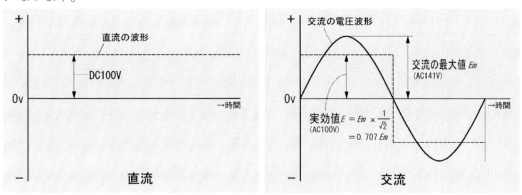

図1-25 交流電力の実効値

第1章　電力の自由化と自家発電システム

【交流の位相差】

　電気回路に電熱器(抵抗)を接続した場合、電圧と電流の変化にズレはありませんが、コイルやコンデンサを接続した場合には図 1-26 の中図および下図のように時間変化にズレが生じます。コイルを介した場合には、電圧に対して電流が「**遅れ**」を生じ、コンデンサを介した場合には、電圧に対して電流の「**進み**」が生じます。これらのズレを「**位相差**」と呼んでいます。電熱器(抵抗)の場合の「ズレ無し」は「**同相**」です。

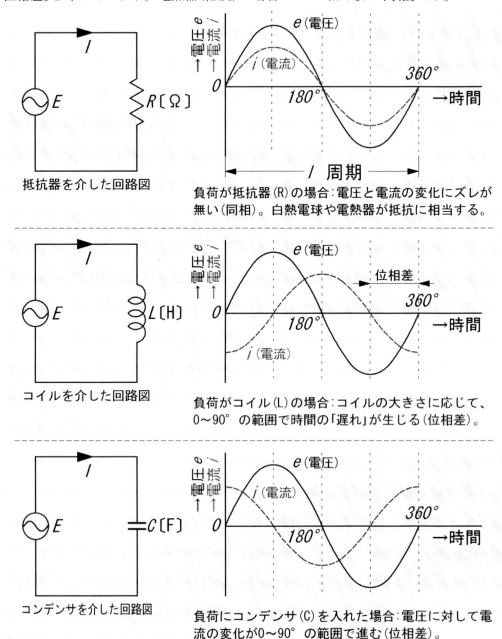

図 1-26 交流の位相差

第1章　電力の自由化と自家発電システム

【交流抵抗（インピーダンス）】

　コイルを接続した電気回路に電流が流れると、電圧が誘起されて電流を妨げる働きをするために一種の抵抗に相当するため「**誘導リアクタンス**」と呼ばれます。

　コンデンサは、交流の変化に従って電荷がコンデンサに流れ込み（充電）、流れ出し（放電）して電荷が移動して電流が流れます。このような電流への制限は、一種の「交流に対する抵抗」とみなされ、これを「**容量リアクタンス**」と言います。

　交流回路では、「誘導リアクタンス」・「容量リアクタンス」共に抵抗の性質を有するのでこの2つを合成して「**交流抵抗（インピーダンス）**」と呼びます（図1-27）。

交流の負荷の種類と特質

抵抗(R) [Ω]　　　　　　　　　　　　　　　*Ω(オーム):抵抗の単位*

　白熱電球のタングステン線や電熱器のニクロム線の抵抗発熱を利用する場合には、純粋な「抵抗器」であり、電圧と電流の時間的ズレは無く、電流の大きさは、
　　［電流＝電圧／抵抗］［A］（オームの法則）で表される。

コイル(L) [H]　　　　　　　　　　*H(ヘンリー):インダクタンスの単位*

　コイルは、電流が流れると電圧が誘起されて電流を妨げる働きをするために一種の抵抗に相当し、「誘導リアクタンス」と言う。コイルの大きさを言うインダクタンス(L)[H]、交流電源の周波数(f)[H]とすると、誘導リアクタンスは、[2πfL]で示され、電圧と電流との間には、コイルの大きさに応じて時間的な「遅れ」が生ずる。
　電流の大きさは［電流＝電圧／誘導リアクタンス］［A］で表される。

コンデンサ(C) [F]　*F(ファラッド):キャパシタンスの単位*

　交流の変化に従って電荷が充電・放電して電荷が移動し、電流が流れる。電流の大きさは、コンデンサの大きさのキャパシティ(C)[F]と周波数(f)[Hz]によって変化する。

　このような電流への制限は、交流に対する抵抗と考えられ、容量リアクタンスと言い、容量リアクタンス＝1/2・2πfCで示される。

　電流の大きさは［電流＝電圧／容量リアクタンス］［A］

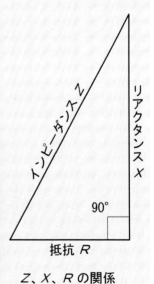

　とりわけ、交流回路においては、抵抗もリアクタンスも、共に抵抗の性質を持っていることから、これらを合成してインピーダンス（交流抵抗）と呼び、単位に「Ω」が用いられる。電流の大きさは［電流＝電圧／インピーダンス］［A］

　リアクタンスは、電圧に対して電流の変化を遅らせ、進めたりする性質があることから、インピーダンス(Z)とリアクタンス(X)との関係に「ピタゴラスの定理」が当てはまる。

$$インピーダンス(Z) = \sqrt{(抵抗)^2 + (リアクタンス)^2}$$
$$Z = \sqrt{R^2 + X^2} \ [\Omega]$$

Z、X、R の関係

図1-27　交流の負荷と三角関数

第1章　電力の自由化と自家発電システム

【交流電力と力率】

　電力は、電流が単位時間中にする仕事の割合を言い、その単位をW（ワット）で表し、直流回路では電圧と電流の積で表されます。

$$電力（W）＝電圧（V）×電流（A）$$

　しかし、このような関係は図1-28の左図の直流回路における豆ランプの点灯の場合には当てはまりますが、右図の交流回路で、しかも負荷が蛍光灯のような場合には適用されません。蛍光灯（図1-28右、図1-29）には安定器というコイル（誘導リアクタンス）、点灯管中のコンデンサ（容量リアクタンス）があり、直流回路における豆ランプの純抵抗の場合とは違うからです。

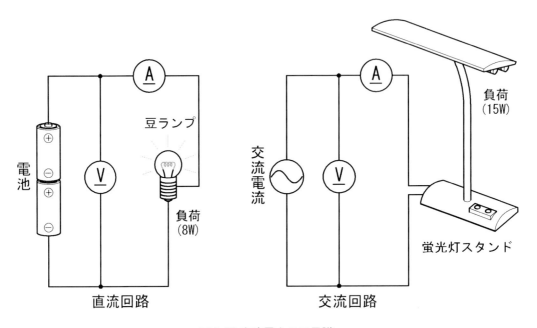

図1-28 交流電力の不思議

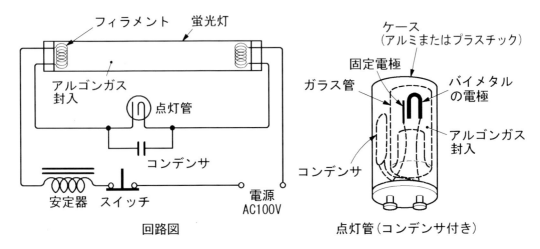

図1-29 蛍光灯の構造

第1章　電力の自由化と自家発電システム

　前出の図1-29の蛍光灯が15Wで、電源の電圧がAC100Vの時、これに流れる電流は0.15A（15W÷100V＝0.15A）にはならず、0.2〜0.3Aの大きな電流になります。
　仮に、電流が0.3Aとすると

$$15W ＝ 100V × 0.3A × 0.5$$

のように、「0.5」の**係数（力率）**の掛け算にしなければ、数式の左辺と右辺が等しくなりません。
　この係数「0.5」の存在理由は、電圧の変化と電流の変化との時間のズレ、前出の「**交流の位相差**」が起きているからです。
　蛍光灯にはコイルの誘導リアクタンスが含まれていますので図1-30の下図「負荷がリアクタンス(L)を含んでいる場合」に相当し、負の電力(仕事にならない**無効電力**)を持つ場合になります。
　「実際に仕事になる有効電力と無効電力の和」を「**皮相電力**（見かけの電力）」と言い、その有効電力を「**交流電力**」とも言います。皮相電力の中でどれだけが有効電力になるかの割合を「**力率**」と呼んでいます（図1-27、表1-5）。

交流電力(W)＝皮相電力×力率　→　電圧(V)×電流(A)×力率

　力率は、「1」以下ですが、百分率（％）で示される場合もあります。

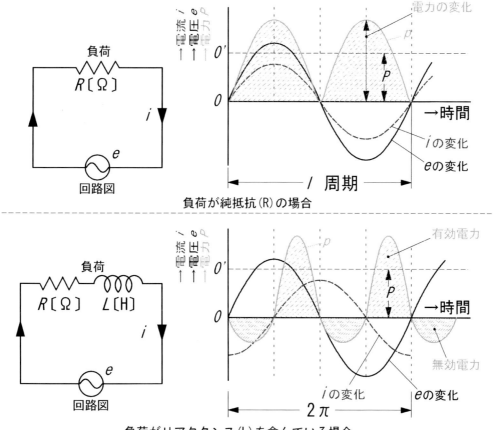

図1-30　交流における電圧・電流・電力の関係

第1章　電力の自由化と自家発電システム

【力率の改善】

　誘導電動機を多く使用している工場、蛍光灯を多く使用しているビルの電気回路は全体で「**力率が低下**」しますので、電線に余計な電流が流れ、変圧器などの設備に悪影響を与えます。

　力率を改善するために、コイルと反対の性質を持つコンデンサ(進相用コンデンサ)を電気回路につなぐ方策が採られます。

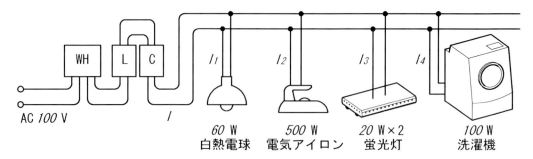

【問】上図において、蛍光灯と洗濯機の力率がそれぞれ80%、70%の場合、各機器の電流 I_1、I_2、I_3、I_4 および 総電流 I はいくらか？

【答】I_1：0.6A, I_2：5A, I_3：0.5A, I_4：1.42A および I：7.52A

図 1-31 交流用電器の電流計算

表 1-5 交流用電器の力率の概数

電気機器の種類	力率(%)	電気機器の種類	力率(%)
白熱電球	100	蛍光灯	80
電気アイロン、電熱器	100	洗濯機	70～80
誘導電動機	70～80	掃除機	60～75
ラジオ	60～90	冷蔵庫	70～80
扇風機	50～80	高圧水銀灯	60～70

　余談になりますが、筆者が30歳台はじめの頃、世間話の中で元郵政省機械化設備室の技官の某氏がお堅い話をしました。
　「**蛍光灯は力率がよくないので、こまめにスイッチを入り切りしないで、点灯したままにしておく方が電気代の節約になる**」というのでした。本当でしょうか？

　「こまめなスイッチを入り切り」は短時間の状況であり、電気代の節約を云々するほどのことではありません。一方「点灯したままにしておく」は比較的長い時間の状況ですから、わざわざスイッチのオンオフをするでしょうか？
　つまり、電気代節約のための条件に、蛍光灯の力率の善し悪しを持ち出すのはナンセンスです。

第2章 トルク脈動レス発電機の特許取得への挑戦

2.1 特許出願と審査請求

特許は、出願しても3年以内に審査請求をしませんと「取り下げ」扱いになってしまい出願した意味がありません。

特許出願と同時に中小企業・個人を対象とした「早期審査制度」を利用して審査請求をすれば、出願審査請求後の審査順番待ち期間の平均27ヶ月が申し出から2～3ヶ月に短縮されます。その「早期審査制度」については、特許庁のホームページに掲載の「特許行政サービス一覧」中の「審査を早くするには？」に載っています。

なお、早期審査に関する問い合わせは、「特許庁特許審査第一部調整課　審査業務管理班」（電話：03-3581-1101　内線3106）です。

2.2 拒絶査定および不服審判請求

本書の「トルク脈動レス発電システム」の特許は、平成26年10月31日に出願し、同年12月17日に早期審査請求をしましたが「申し出から2～3ヶ月に短縮」どころか、意外な遅延審査で5ヶ月後の平成27年5月12日に拒絶理由通知書、8ヶ月後の平成27年8月25日に拒絶査定の通知が発送されてきました。

要約しますと、拒絶査定の要旨は以下の理由になります。

① エネルギー保存の法則に反する
② 特許法第29条第1項柱書に規定する要件を満たしていない
③ 特許法第36条第6項2号に規定する要件を満たしていない
④ 請求項の記述が明確でない
⑤ 明細書に記述の幾つかの文言から判断すると特許の保護に該当しない永久機関である
⑥ 当業者が実施できる説明になっていない
⑦ 拒絶理由通知書にある引用文献から判断して進歩性がない

であり、平成27年5月12日の「拒絶理由通知書」に対しては「意見書」および「手続き補正書」を提出しました。しかし、3ヶ月後の平成27年8月25日には拒絶査定でした。

振り返りますと、「意見書」を提出した時点の反証が甘かったのは否めず、「拒絶査定」に対しては以下の「拒絶査定不服審判請求」を起こしました。

拒絶査定不服の「審判請求書」を期限ギリギリの1日前の平成27年11月24日にオンラインで提出しました。書面で提出しますと審判請求書手数料55,000円の他に「磁気ディスクへの記録の求め」の料金18,000円がかかります。しかし、発明協会の千葉県支部の端末機からオンラインで提出しますと「無料」です。

発明協会千葉県支部のアドバイザー氏の話では「審判請求書」を扱った例が無いとのことでして、「審判請求書」の結果が「吉」と出るか「否」かを問わず、参考になると思いますので紹介します。

＊＊＊＊＊＊＊＊＊＊＊＊＊＊＊＊＊＊＊＊

第2章　トルク脈動レス発電機の特許取得への挑戦

2.3 不服審判請求書の全文

【書類名】	審判請求書
【提出日】	平成２７年１１月２４日
【あて先】	特許庁長官　　　殿
【審判事件の表示】	
【出願番号】	特願２０１４－２２２８５５
【審判の種別】	拒絶査定不服審判事件
【審判請求人】	
【識別番号】	ＸＸＸＸＸＸＸＸＸ
【住所又は居所】	千葉県大網白里市南横川１７６番７
【氏名又は名称】	合資会社パト・リサーチ
【代表者】	無限責任社員　松本　修身
【電話番号】	０４７５－７３－６３０８
【ファクシミリ番号】	０４７５－７３－６３５９
【代理人】	
【識別番号】	ＹＹＹＹＹＹＹＹＹ
【住所又は居所】	千葉県大網白里市南横川１７６番７
【氏名又は名称】	松本　修身
【手数料の表示】	
【納付番号】	ＷＷＷＷ－ＷＷＷＷ－ＷＷＷＷ－ＷＷＷＷ
【請求の趣旨】	原査定を取り消す。本願の発明は特許すべきものとする、との審決を求める。

【請求の理由】

１．手続きの経緯

出　　　　　願	平成 26 年 10 月 31 日
出願人　名義変更届（提出日）	平成 26 年 12 月 25 日
拒　絶　理由の通知（発送日）	平成 27 年 5 月 12 日
意　　見　　書（提出日）	平成 27 年 5 月 19 日
手　続　補　正　書（提出日）	平成 27 年 5 月 19 日
拒　　絶　　査　　定（発送日）	平成 27 年 8 月 25 日
拒絶査定不服審判請求（提出日）	平成 27 年 11 月 24 日
審　　　　　決（発送日）	平成 28 年 11 月 01 日

２．拒絶査定の要点

１）拒絶理由１（発明該当性）

　先の拒絶理由通知（発送番号２０６３５４）のページ１／５において、

　（１）（発明該当性）として、摘記された「この出願の下記の請求項に記載されたものは、下記の点で特許法第２９条第１項柱書に規定する要件を満たしていないから、特許を受けること手ができない。」

　（２）（明確性）として、特許法第３６条第６項２号に規定する要件を満たしていない。

　（３）（実施可能要件）として、特許法第３６条第６項２号に規定する要件を満たしていない。

第2章　トルク脈動レス発電機の特許取得への挑戦

として、拒絶理由通知（発送番号206354）のページ1/5の「記」で以下の理由を挙げて、ページ2/5においては、本願明細書の「技術分野」に関しての記述（段落0001）、「発明が解決しようとする課題」に関しての記述（段落0010）および「発明の効果」に関しての記述（段落0022）が「エネルギー保存の法則に反するもの」であって特許法上の「発明」とはできず、特許を受けることはできない、との記述です。

2）拒絶理由2（明確性）

（明確性）（1）として、先の拒絶理由通知（発送番号206354）ページ2/5における拒絶理由（1）の摘記、「請求項1における記載は、符号（英数字）括弧を用いず用いられているために、符号が発明を特定するものなのか参考情報なのか明確でない。」

（明確性）（2）として、同上の拒絶理由通知ページ3/5における摘記、「請求項1における「一旦充電してから連続的に20の外部へ給電し続ける」なる記載は、符号「20」が単独で特定事項として用いられており、前記記載の技術的意義を理解することができない。」

（明確性）（3）として、同上の先の拒絶理由通知ページ3/5における摘記、「請求項1における『トルク脈動レス発電機図2の1によって』との特定のとおり、請求項1の記載が、図面の記載で代用されている結果、発明の範囲が不明確になっている。よって、請求項1に係わる発明は明確でない。」

また、拒絶査定（発送番号381745）ページ2/5における摘記も、上記（3）の拒絶理由が「補正後の請求項1においても依然として解消していない。」
としています。

3）拒絶理由3（実施可能要件）

（1）先の拒絶理由通知（発送番号206354）におけるページ1/5および2/5において摘記された本願明細書の「技術分野」に関しての記述（段落0001）、「発明が解決しようとする課題」に関しての記述（段落0010）および「発明の効果」に関しての記述（段落0021および0022）が「エネルギー保存の法則に反するもの」であって特許法上の「発明」とはできず、特許を受けることはできない、としています。

（2）拒絶査定（発送番号381745）における摘記も、先の拒絶理由通知（発送番号206354）の1/5および2/5において摘記された本願明細書の「技術分野」に関しての記述（段落0001）、「発明が解決しようとする課題」に関しての記述（段落0010）および「発明の効果」に関しての記述（段落0022）が「エネルギー保存の法則に反するもの」であって特許法上の「発明」とはできず、特許を受けることはできない」、とした記述に加えて、当該拒絶理由通知ページ3/5の記述、（理由3について）「明細書の段落0021、0022によれば、本願請求項1に係わる発明は、外部からエネルギーを追加することなく永続的にエネルギーを取り出すことができる永久機関であると解することができる。」としています。

また、当該拒絶理由通知のページ4/5においては（進歩性）について、「本願請求項1に係わる発明は、引用文献1の「発電システム」に記載された発明及び周知の技術に基づいて、当業者が容易に想到し得るものである」としていて、同拒絶理由通知ページ3/5においての記述「初期において稼働に至ったとしても、継続的なエネルギーを付与しない以上、機械的摩擦や抵抗等のエネルギー消費により直ちに（遅滞なく）停止することが、い

第2章　トルク脈動レス発電機の特許取得への挑戦

わゆるエネルギー保存の法則を踏まえた技術常識である。かかる技術常識を踏まえれば、本願明細書の（段落0021、段落0022）に記載の作用効果を奏するような装置を構築するためには、当業者に期待し得る程度を超える試行錯誤を行う必要があることは明らかである。よって、本願の発明の詳細な説明は、当業者が請求項1に係わる発明を実施することができる程度に明確かつ十分に記載されたものではない。」としています。

４）拒絶理由４（進歩性）

先の拒絶理由通知（発送番号20354）ページ1/5において摘記された記述の要点（進歩性）、「この出願の請求項に係わる発明は、その発明の属する技術の分野における通常の知識を有する者が容易に発明することができたものであるから、特許法第29条第2項の規定により特許を受けることができない」としています。

拒絶理由通知書（発送番号206354）ページ2/5および3/5において摘記の「進歩性」の拒絶理由は、「鉄芯なし発電機」は周知の技術である。当業者が引用文献1に記載の発明において「鉄芯あり発電機」と「鉄芯なし発電機」の選択は容易である。それに、「発電システム」にバッテリを組み込んで発電した電力を充電することは容易に想到できる故に、本願発明の「電力システム」に進歩性がない、としています。

３．立証の主旨

下記の理由によって、理由通知書および拒絶査定が正当でないことを述べます。

●発明該当性１についての立証

平成27年5月12日付け拒絶査定通知書（発送番号206354）ならびに平成27年8月25日付け拒絶査定（発送番号381745）の何れにおいても「**エネルギー保存の法則に反するもの**」との理由を掲げて「特許法上の『発明』ということはできず、特許を受けることはできない」としています。

しかし、本出願の発明は、この審判請求書に掲載の参考図「**図１**」に示す如く、「トルク脈動レス発電機」を主機とした**当該電力システムを駆動する**始動時に、当該電力システムを構成する「ＤＣモータ」に当該電力システム構成要素の「バッテリ（出願の「書類名」図面における「図２」中の(17)相当）の他に市販の交流電力を使用する外部エネルギーの始動テスト用の「直流定電圧電源（コーセル製 R50A-9）」をも備えてテスト機の実証試験に成功しています。むしろ、テスト機による性能実証が先であり、本願発明はそれに基づいて特許出願しています。

つまり、本書に掲載の「**図１**」における左上隅に**２点鎖線**で図示した始動テスト用の外部エネルギの「直流定電圧電源」は、当該発電・電力システム構成要素の「**大容量バッテリ**」と「等価」のエネルギ源とみなされますし、当該出願発明の電力システムの発明目的に鑑み、その外部エネルギの「直流定電圧電源」を必要としないで済みますので、本出願発明の明細書、特許請求の範囲および図面においては外部エネルギーの「直流定電圧電源」を除外しています。同様の理由により、請求範囲1にも外部エネルギの「直流定電圧電源」の記載をしていません。

本書に掲載の「**図１**」に表示してある「**大容量バッテリ**」は、本出願の発明に**不可欠・必須アイテム**であり、トルク脈動レス発電機を始動させるＤＣモータ用直流電力の「**最重要エネルギ源**」です。始動後も「トルク脈動レス発電機」が発電した回生交流電力を「Ａ

-34-

第2章　トルク脈動レス発電機の特許取得への挑戦

C—DC変換器」を介してフローティング充電方式で「**大容量バッテリ**」に充電し続けます。本願発明の明細書の段落 0002〜0010 ならびに段落 0011 中に記載の「**4」発電機を駆動するDCモータの直流電源に大容量のバッテリを使用する**、に記載の通りです。

　「**大容量バッテリ**」には、本願発明の主利用目的「**負荷としての利用電力**」、「**DCモータ駆動用電力**」に加え、不可避な「**諸損失電力**」および「**余裕電力**」を合計した電力容量が必要です。

　因みに、現行のガソリン　エンジン自動車の電力システムの交流発電機（オルタネータ）は、エンジンのクランクシャフトからVベルト・Vプーリを介して駆動していますが、始動時にはスタータ　モータと点火ブラグをバッテリの直流電力を直接に使用しています。一旦エンジンが回転してからは、オルタネータの発電電力で点火ブラグを点火し続けることができ、且つフローティング充電方式でバッテリをも充電し続けることができます。

　そのバッテリは、1859 年にフランスの科学者ガストン＝プランテ（Gaston Plante, 1894-1889）が発明し、1881 年に彼の同僚のカミーユ＝アルフォンス＝フォーレ（Camille＝Alphonse＝Faure, 1840－1898）が自動車用に改良して当時の電気自動車に採用したことに始まります。それから1世紀半の歳月をかけて改良を重ねて今日のほぼ完成の域に達した実例です。

　本願発明の電力システムは、実用化されている自動車の電力システムのガソリン　エンジンを「**使っても使っても消耗しない磁気エネルギ利用の発電機＋大容量バッテリ＋DCモータ**」に置き換えたものと考えられますので、当該発明の「電力システム」実用化の実証になります。

　本願発明の電力システムを構築するには、**常時「大容量バッテリの蓄電容量＞負荷となる利用電力＋DCモータ駆動電力＋損失電力＋余裕電力」**が成立するような「**充電に要する時間＜負荷の消費時間**」の設計をすればよいことになります。

　しかも、当該電力システム構成要素の大容量バッテリには「トルク脈動レス発電機」による有り余る発電電力を供給できますので実用化した場合には、拒絶査定理由通知書に記載の技術常識に見る不可避の電力損失や機械的摩擦損失等によるエネルギ消費を補完・回復させ、大容量バッテリの寿命約１０年間（リチウム—イオンバッテリにおいては充放電回数 4000 サイクル）は連続稼働させることができます。

　しかし、連続稼働といえども「**大容量バッテリの寿命の期間内**」であり、未来永劫に渡って連続稼働させることができるものではありません。リチウム—イオンバッテリの場合、現行の製造物責任に関する法律に定める補修部品備蓄の期限が製品販売年から１０年間ですので、バッテリ寿命の期間内の連続稼働は妥当な稼働期間と言えます。

　したがって、平成 27 年 5 月 12 日付け拒絶査定理由通知書（発送番号 206354）ページ 3/5 下段 6 行目〜9 行目までの文言、「**仮に、初期において稼働に至ったとしても、連続的なエネルギーを付与しない以上、機械的な摩擦や抵抗等のエネルギー消費により直ちに（遅滞なく）停止することが、いわゆるエネルギー保存の法則を踏まえた技術常識である**」とする記述は、発電機を駆動するDCモータに負担をかけない「鉄芯レス起電コイル」を使用した「トルク脈動レス発電機で発電した交流電力を直流に変換して蓄電するバッテリを組み

-35-

第2章　トルク脈動レス発電機の特許取得への挑戦

込んだ電力システム」に対しては当てはまらない明らかな間違いです。

　当該出願発明の構成要素の何れもが、後述した「**自然現象を利用している**」ことが歴然とした事実であり、しかも机上の空論ではなく、本出願発明の願書提出前に製作したテスト機の実験において「**実証されている事実**」です。したがって、担当審査官が言われる「**エネルギー保存の法則に反するもの**」及び「『**エネルギー保存の法則**』を踏まえた技術常識」の記述は、拒絶査定理由通知書および拒絶査定の拒絶理由にしている根拠には全く正当性がありません。

　つまり、審査官が拒絶査定理由通知書（発送番号206354, ページ3/5の「**エネルギー保存の法則を踏まえた技術常識**」とする文言や**頻繁に摘記**されている「**エネルギー保存の法則に反するもの**」とする文言は、拒絶査定理由通知書（発送番号206354）ページ2/5の文中で（参考）として挙げてある文献「**特許・実用新案　審査基準**」の「**第2部　第1章　産業上利用することができる発明**」における「**1.1『発明』に該当しないものの類型**」の「**（3）自然法則に反するもの**」としている記述に合致していません。

　特許出願人としては、**審査官の記述を重く受け止めます**ので、「特許・実用新案　審査基準」に明示されている「**自然現象に反するもの**」とした記述とアンマッチな文言の「**エネルギー保存の法則に反する**」の一点張りの連発では、審査官の記述の趣意は意味不明確であり、特許出願人ばかりか何人も理解できません。

　つまり、上記の**審査基準**に記載の「**自然法則に反するもの**」の文言に対して、「**エネルギー保存の法則に反する**」とする記述には正当な理論も無いばかりか、実証されていない仮説「エネルギー保存の法則」に反するもの、としたのでは全く意味が異なるからです。

　担当審査官が、「**エネルギーは保存される**」とした仮説を「**是**」と信じているのは、次の理由によって証明できる「誤認」です。以下に要約した永久機関に関する学説と比較してみます。

　WebのWikipediaに紹介されている「エネルギー保存の法則」に関する記事、「**現在ではエネルギー保存の法則は、しばしば『最も基本的な物理法則の一つ』と考えられている。多くの物理学者が、自然はこの法則にしたがっているはずだ、と信じているのである**」も参考になります。

　＊＊＊＊＊＊＊＊＊**永久機関に関する見解の要約**＊＊＊＊＊＊＊＊＊
Ａ．第一種永久機関：外部から何のエネルギーを受け取ることなく、外部に仕事を取り出すことができる仮想の機関。
　＜註＞この機関は18世紀末に純粋力学的な方法では実現不可能が明らかにされた。
Ｂ．第二種永久機関：「熱は温度の高い側から低い側に流れる」自然現象に反し、その逆を想定した仮想の機関。
　＜註＞この機関は19世紀に熱を使った方法により唱えられ、「熱が温度の高い側から低い側に流れる」自然現象を明文化した「熱力学第二法則[エントロピ増大の原理]」が生まれ、それを根拠として「第二種永久機関」の実現不可能が明らかにされた。
　＊＊＊＊＊＊＊＊＊＊＊＊＊＊＊＊＊＊＊＊＊＊＊＊＊＊＊＊＊＊＊＊
　本願発明の明細書（段落0022）に記した「永久機関は不可能」の記述は、上記の**純粋力学的な方法では不可能**とされる「**Ａ．第一種永久機関**」のことであり、本審判請求書文末の「**参考図2**」中のこれら純粋力学的な方法で試みられた「永久機関の夢物語」の3例など

-36-

第2章　トルク脈動レス発電機の特許取得への挑戦

がそれに相当します。

なお、本書の**参考図2**の「永久機関の夢物語」の3例は、仮想の理論を根拠として唱えられた仮想の産物の「B．第二種永久機関」とも別ものです。

仮に、エネルギーが変換過程において「減衰されない」と仮定したら、「B．第二種永久機関」が成り立つことも意味することになります。しかし、エネルギーの変換過程の終端で元のエネルギーが存続していることはありませんので「B．第二種永久機関」が成り立つことも無く、したがって「エネルギー保存の法則」も成立しません。自明なことです。

本特許願の明細書の(段落0022)において「『永久機関は不可能』の説は覆ります」とした記述は、以上のような意味においての表現です。

担当審査官は、明細書に記載してある幾つかの文言の「**言葉尻**」を意図的にとらえて、**予断を持って異常に枉げて解釈**し、第一種永久機関にも第二種永久機関にもあてはまらない「**正体不明の怪しい永久機関**」を**捏造**して、**執拗**にそれを本願発明に結びつけています。

誤解を招かないために、この拒絶査定不服審判請求書と同時に提出する手続補正書で(段落0009、0010、0021、0022、0023、0024、0024ならびに003)文中の「永久」の語句を「**連続的に**」あるいは「**連続的に稼働する**」に補正します。

因みに、「エネルギー保存の法則」は、ドイツの生理学者のヘルマン＝ルトヴィッヒ＝フェルデナント＝フォン＝ヘルムホルツ（1821－1894）等が唱えた「思い付きによる仮説」であり、実証されていず、確とした理論付けもされていません。むしろ「**エネルギ非保存の自然現象**」とすべきです。彼の死から121年を経た2015年の現在も多くの物理学者がそれを信じているのですから不思議です。

ヘルムホルツは、本業の医師として生理光学や音響生理学に貢献した他に「**飛行機は成立しない**」とする物理学者連の中心人物であり、エセ学説「クッタ＝ジュコフスキーの仮説」の「渦理論」の先駆けでした。

彼の死の9年後にアメリカ合衆国のライト兄弟が飛行機を飛ばしましたので、彼の「**飛行機は成立しない**」とする主張は大外れでした。

彼が生まれた1821年よりも27年前の1804年にイギリスのジョージ　ケイリー卿（1773－1857）が未完の著書「空中航行の力学的原理に関する所見」において飛行理論を提唱し、1852年にグライダを試作し、1857年の死去直前に有人グライダの製作を監督しています。

これら飛行機に関する歴史的事実および鳥・蝙蝠や昆虫が現に空を飛んでいる事実に照らせば、ヘルムホルツが本業の生理学以外の分野に首を突っ込む「□△の横好き」にしては自己才能過信・尊大・唯我独尊にして「もの知らず」だったと言えます。「エネルギー保存の法則」とても彼が思い付いた屁理屈なのです。

拒絶査定理由通知書および拒絶査定において、特許・実用新案　審査基準の「第2部　第1章　産業上利用することができる発明における1．1『発明』に該当しないものの類型の『**自然法則に反するもの**』」としている記述をせずに、「**エネルギー保存の法則**」との文言に**読み違え**て、それを持ちだして拒絶通知書の拒絶理由としていることは、**特許法第49条（拒絶の査定）**を遵守する審査官にしてはとんでもない大間違いです。

第2章　トルク脈動レス発電機の特許取得への挑戦

●発明該当性２についての立証

　発明の定義は、特許法第二条において「自然法則を利用した技術的思想の創作」と定めています。**本願発明は、下記の箇条書きの如く、自然法則を利用**していますので、当然に特許法第二条の「発明の定義」に合致します。

＜本願発明が自然法則を利用している証左項目＞

（１）予め充電してあるバッテリ（二次電池）の電力(DC9V)でトルク脈動レス発電機駆動用ＤＣモータを始動させる。

（２）　高速回転するＤＣモータに直結したトルク脈動レス発電機の「最大エネルギー積」が大きい「ネオジム−鉄−硼素磁石」を高速回転させ、４個の鉄芯レスコイルの巻線近接を通過させて総発電交流電力 AC70V を発電させる。

（３）その複数の鉄芯レスコイルからの交流電力 AC70V は、整流器具備の充電器を介して直流電力に変換する。変換効率 0.9 として総発電直流電力は DC89.0V になる。その総発電直流電力は始動時にＤＣモータに印加したバッテリ電力の約 9.88 倍の高出力になる。

（４）その発電電力の一部（鉄芯レスコイル１個の発生交流電力）を整流器具備の充電器を介して直流 DC21.6V に変換して一旦バッテリに充電する。

（５）そのバッテリに充電した直流電力をＤＣモータに回生・印加して再びＤＣモータを回転させる。以下上記１〜４の繰り返しで連続発電電力システムが成立します。

　以上の如く、テスト機による**史上初の実証結果**ですら、上記（４）の鉄芯レスコイル１個からの発電した電力だけでもバッテリ充電に必要な電力を充分にカバーしていることが分かります。上記の（２）および（３）に述べた実験機によって「**実証された事実**」は、出願書類中の「図面」における発電電圧データ図の「**図４**」に示した通りです。

　しかし、担当審査官は、この事実には目もくれていないことから、審査時において、従来の技術に関した固定観念・知識で判断しています。とりわけ、「**大容量バッテリ**」の必要性・重要性を見落としていること、それでは本願発明の「**実証された事実**」を理解できないと判断せざるを得ません。

●発明該当性３についての立証

　平成 27 年 5 月 12 日付け拒絶査定通知書（発送番号 206354）ページ 4/5 に記載の引用文献２の電動発電機、引用文献３の発電機、本願発明の明細書（段落 0013）に非特許文献として挙げた「風力発電用コアレス発電機」および高知県の企業（株）スカイ電子製造の天候に左右されて不安定な「風車・水車」を動力源とする「コアレス発電機」であり、昭和 20 年(1945)代前半にも見られる自転車用リム発電機のそれらは何れも周知の技術です。

　それらは「コアレス発電機」単体の製品や技術ですし、「**発電・電力システム**」のことではありません。

　また、その利用技術においては、**使っても使っても減らない磁気エネルギ**、しかも「最大エネルギ積」の大きい「ネオジム−鉄−硼素磁石」を等間隔に排列して埋め込んだ「軟鉄円板ヨークユニット」を、小電力で高速回転するＤＣモータを動力源として回転させ、「鉄芯レスコイル」側近を横切って通過させると、ＤＣモータに供給した電力を遥かに上回る大電力を発電できる技術思想がありません。

第2章　トルク脈動レス発電機の特許取得への挑戦

　「ネオジム－鉄－硼素磁石」は、本願発明の「**電力システム**」の内部にあって、その「電力システム」を連続稼働させる**磁気エネルギ供給の根幹**であり、現行自動車の電装システムにおける内燃機関の化石燃料と異なり、使っても使ってもその**磁気エネルギが枯渇する**ことはありません。

　しかも、「**磁気エネルギ**」の存在は**自然現象そのもの**ですから、担当審査官が「磁気エネルギを『**本願発明のエネルギ源**』として活用したこと」を認めず、それを否定することは、特許法第二条の「発明の定義」に弓を引くことであり、**出願発明を審査する者にあるまじき姿勢**です。

　その「ネオジム－鉄－硼素磁石」は、「鉄芯レスコイル」側近を横切って高速で通過すると、大電力を発電する本願発明の「トルク脈動レス発電機」の重要アイテムですし、それに加える「**鉄芯レスコイル**」は、鉄芯と磁石の吸着による「**磁気ブレーキ**」がなく、発電機を駆動させるＤＣモータを小電力で高速回転させる「**縁の下の力持ち**」であり、**引用文献1**の「鉄芯ありコイル」がＤＣモータのトルク発生・回転を阻害するのとは大違いの特色を有しています。つまり、「**鉄芯レスコイルの使用を特定したトルク脈動レス発電機＋小電力で高速回転するＤＣモータの組合せ**」は、本願発明「電力システム」構築の大前提です。

　つまり、**引用文献1**（特開 2008－220120 号公報）に記載の発明における「**発電システム**」は、「**鉄芯ありコイル発電機**」の使用を**特定**している発明であり、本願発明の小電力で高速回転するＤＣモータおよび「鉄芯レスコイル」を使用した「トルク脈動レス発電機」を組み込んで、そのＤＣモータに供給した小電力を遙かに超える大電力を発電させる「電力システム」の技術思想ではありません。

　永久磁石と「鉄芯ありコイル」の吸着力で強力な「**磁気ブレーキ**」掛けになる「**鉄芯ありコイル発電機**」に比較して、何ら「磁気ブレーキ」掛けがない「**鉄芯レスコイル発電機**」との大違い、「**鉄芯ありコイル発電機の実施不可能**」と「**鉄芯レスコイル発電機実証済み故に実施可能**」との大違い、「**似ていても全く非なるもの**」です。

　それ故に、**引用文献1**に記載の「**発電システム**」は、ＤＣモータを動力源として稼働する「**鉄芯レスコイル**」使用の「**トルク脈動レス発電機**」を特定した本願発明の「**電力システム**」には該当しない、全くの別ものです。

　したがって、本願発明は、特許法第 29 条第1項柱書に規定する要件（柱書1．特許出願前に日本国内において公然知られた発明）ではありません。

　また、以下の「●実施可能要件についての立証」に記した「引用文献1に記載の電力システム」は、**稼働不能**であり、実用に供することができない故に公然実施されたとは類推できず、「柱書2．特許出願前に日本国内において公然実施をされた発明」でもありません。

　再三再四の繰り返しになりますが、本願発明が「エネルギー保存の法則に反する」、「仮に、初期において稼働に至ったとしても、連続的なエネルギーを付与しない以上、機械的摩擦や抵抗等のエネルギー消費により直ちに（遅滞なく）停止することが、いわゆるエネルギー保存の法則を踏まえた技術常識である。」とする記述などを担当審査官が掲げて、拒絶理由および拒絶査定の理由とし、拒絶査定する根拠は全く正当な判断ではありません。

第２章　トルク脈動レス発電機の特許取得への挑戦

●**明確性についての立証**

　先の、拒絶理由通知書(発送番号 206354)における拒絶理由（１）の摘記、「請求項１における記載は、「符号（英数字）括弧を用いず用いられているために、符号が発明を特定するものなのか参考情報なのか明確でない。」に対しては、意見書および手続補正書で補正済みです。

　また、（２）の摘記、「請求項１における『一旦充電してから連続的に 20 の外部へ給電し続ける』なる記載は、符号『20』が単独で特定事項として用いられており、前記記載の技術的意義を理解することができない。」に対しては、意見書および手続補正書で補正済みです。

　続いての拒絶理由として、この後に「なお、明細書及び図面では、符号 20 は、『外部への**共有電力Ｑ**』に対して付与されているので、上記記載において『20』」を『外部への**共有電力Ｑ**』と仮に読み替えてみても、『一旦充電してから連続的に外部への**共有**電力Ｑの外部へ給電し続ける』となり、その意味することころは明確でない。」としていますが、「外部への**供給**電力Ｑ」を審査官が「外部への**共有**電力Ｑ」と読み違えているために、却って審査官摘記の意味が混乱しています。

　この読み違いによる誤記については、前述した「発明該当性１についての立証」項においての記述**「審査官の記述を重く受け止めます」**を「軽く受け止めます」として聞き流し、手続補正書で補正済みです。

　更に、拒絶理由（３）の摘記、「請求項１における「トルク脈動レス発電機図２の１によって」との特定のとおり、請求項１の記載が、図面の記載で代用されている結果、発明の範囲が不明確になっている。よって、請求項１に係わる発明は明確でない。」に対しては、

　この審判請求書の提出と同時に提出する手続補正書において、「特許請求の範囲」、「請求項１」で「**図１中において、全体分解図として全構成部品をビジュアルに表現した「トルク脈動レス発電機主要部（１ａ）」**あるいは図２中の「**トルク脈動レス発電機の全体分解図（１）」**および「**（５）起電コイルＡ**」と補正します。手続補正書におけるこの太字の文章以外に下線を引いた文言は、意見書提出時の手続補正書での補正文です。

●**実施可能要件についての立証**

　担当審査官は、「引用文献１に記載された発明及び周知の技術に基づいて、当業者が容易に想到することができる」としながら「当業者に期待し得る程度を超える試行錯誤を強いることが明らかであり、当業者が請求項１に係わる発明を実施することができる程度に明確かつ十分に記載されたものではない。」としていて**二律背反の矛盾する理屈**を述べています。

　本願発明に対して、担当審査官は、端から「エネルギー保存の法則に反する永久機関である」と決めつけ、前述したように、第一種永久機関でも第二種永久機関でもない「**正体不明の怪しい永久機関**」を**捏造**して**執拗**にそれを本願発明に結びつけて、終始その主張を押し通しているために、特許願の「図面４」を見ていない筈がないのに「**錯誤判断のほこ**

第2章　トルク脈動レス発電機の特許取得への挑戦

ろび」の隠蔽を目論み、特許法第49条（拒絶の査定）を隠れ蓑にして、理不尽な詭弁を弄して、本願発明の抹殺を画策しています。

　拒絶理由通知書（発送番号 206354）ページ 1/5 における拒絶理由（1）に摘記の**引用文献1**の「発電システム」の発電機は、「**鉄芯ありコイル**」を特定使用した発電機であり、その「**鉄芯**」があるために、発電機を回転させるための「**永久磁石**」とその「**鉄芯**」との吸着力により「**強力な磁気ブレーキ**」となってびくともしませんし、当該発電機を稼働させるためには大電力を印加して回転する強力なＤＣモータが必要になり、当然に**引用文献1**の「発電システム」の範囲を超えた大電力のバッテリが必要になります。

　つまり、当初からＤＣモータ自体が回転しなければ、「発電・電力システム」の連続サイクルが成立せず、「電力システム」が正常に稼働する目的に叶う「発電に必要な高速回転」を得ることができず、したがって発電されず、ＤＣモータに回生利用する電力も無くなる「**実施不能な負の連鎖**」のサイクルに陥り、実用に供することができません。「鉄芯ありコイル」を特定した発電機を使用した**引用文献1**の「**発電システム**」は、連続して稼働する「電力システム」構成要素のバランスを欠いた代物です。

　引用文献1の「発電システム」における「鉄芯ありコイル」を特定した発電機が実施不可能な理由を、本願発明に使用したテスト機と比較して、開示します。

　本願発明の「書類名」図面の「図1」見取図、「図2」全体分解図、「図3」上面図および側面図並びに「図4」発電電圧データ図に挙げたテスト機は、機器製作の当初から「鉄芯レスコイル」を使用した「トルク脈動レス発電機」を想定していますので、「鉄芯レスコイル」のφ10 の穴に「無用の長物」にして「蛇足」の軟鉄あるいは炭素鋼の「鉄芯」無しの設計で製作した機種のＣ型モデルです。

　「図4」の発電電圧データ図におけるＣ型モデルの発電電圧データは、起電コイル1個、2個、3個および4個毎の発生交流電圧を測定してグラフにしています。仮に、これら4個の起電コイルの穴に「鉄芯」を埋め込むとどうなるかを「鉄芯レスコイル」と比較して図示してみます（**参考図の図3参照**）。

　上記の**参考図3の上図**において、「鉄芯レスコイル」と「ネオジム－鉄－硼素磁石」との隙間は、片側 1.5mm、両側で 3mm であり、起電コイルの厚み 12mm を含めて 15mm 間隔で辛うじて両側の「ネオジム－鉄－硼素磁石」貼付面が平行を保って回転しています。

　しかし、**参考図3の下図**において、「鉄芯レスコイル」の穴に「鉄芯」を埋め込むと、吸着力 7.74kgf の「ネオジム－鉄－硼素磁石」片側4個（両側で8個）が 61.92kgf（61,920gf）の吸着力で密着してしまいます。

　一方、「ネオジム－鉄－硼素磁石」の排列直径 φ55mm（φ5.5cm→半径 2.75cm）の位置での制動トルクは、61,920gf×2.75cm＝170,280gf・cm になります。その発電機を駆動させるマブチ製ＤＣモータの適正負荷は 200gf・cm とされていますので、「鉄芯ありコイル」の制動トルクはＤＣモータの適正負荷（駆動トルク）の**851.4倍**になります。

　つまり、引用文献1の「鉄芯ありコイル」を使用した発電機は、始動を試みた時点から、当該ＤＣモータでは回転不能が明らかですので実用化不可能な夢想のアイデアです。つま

第２章　トルク脈動レス発電機の特許取得への挑戦

り、発電システム内のＤＣモータで当該発電機を駆動させることができなければ、正常に稼働する目的に叶う「発電システム」構築は食べることが叶わぬ「**絵に描いた餅**」です。

　参考図の**図３**は、本願発明の「トルク脈動レス発電機」に沿って「鉄芯ありコイル」を使用した発電機が「鉄芯ありコイル」と「ネオジムー鉄ー硼素磁石」の吸着によって発電機を駆動するための動力ＤＣモータの適正負荷（駆動トルク）の**851.4 倍**の「**制動トルク**」で発電機が回転しない例を開示しましたが、引用文献１（特開 2008－220120）の図２に基づいて作成した「構造見取図」（**参考図４**）の場合にも、「磁力ブレーキ」の凄まじさがそっくり当てはまります。

　その詳細を述べると、**参考図４**における「**コの字形二股鉄芯**」（501）８個の両脚部に「コイル」（502）１６個を巻き付け、「積層永久磁石」（503）の 16 個との組合せですから、本願発明の「トルク脈動レス発電機」と同等サイズと仮定した場合の「磁力ブレーキ」は、使用したコイルと磁石が１６個故に「**851.4 倍×2＝1,702.81 倍**」の「**制動トルク**」になると類推できます。

　引用文献１の出願人は、特許出願時点で「発電システム」に「鉄芯レスコイル」利用の本願発明の「トルク脈動レス発電機」を使用すれば、発電機を駆動するたのＤＣモータが「ほとんど無負荷に近い状態」で駆動できるという技術・知識、それを持っていなかった。そのことが、引用文献１の出願書類の記載から明らかです。

　尤も、「トルク脈動レス発電機」使用の場合の「ほとんど無負荷に近い状態」の正確な表現は、「永久磁石と鉄芯」の吸着による磁気ブレーキがないために、永久磁石を装着した「回転体の重力質量と等価の**慣性質量（物体の動かし難さ）**」における**偶力**に起因する若干の抵抗があります。テスト機に使用した「**ＤＣモータの適正回転数**」に対して 20％レスの 80％の回転数を計測しています。

　当業者が**本願発明の明細書の（段落 0011）**に明記した「トルク脈動レス発電機」を特定した「電力システム」を実用に供するためには、以下の＜**トルク脈動レス発電機による 電力システム構築要件**＞を率直に履行することで、拒絶理由通知書（発送番号 206354）ページ4/5 における拒絶理由による「当業者は試行錯誤を強要されるとした記述」にはならず、したがって、**試行錯誤することなく完成**させることができます。

＜**本願発明の明細書の（段落 0011）に明記したトルク脈動レス発電機による電力システム構築要件**＞
　１）発電機に鉄芯を用いない起電コイルを複数個使用する。
　２）発電機に「最大エネルギー積」の大きいネオジムー鉄ー硼素磁石を使用する。
　３）高速回転するＤＣモータで発電機を高速回転（毎時 81.6km 以上）させる。
　４）発電機を駆動するＤＣモータの直流電源に大容量のバッテリを使用する。
　５）起電コイル複数個の内の小分けした起電コイル１個の交流電力を直流に変換して、一旦ＤＣモータ駆動用の大容量のバッテリに充電し、ＤＣモータの駆動電力にする。
　６）残り複数個の起電コイルの交流電力は、利用しなければ無駄になってしまうので直流に変換して、一旦バッテリに蓄電し外部へ給電する。
　前述の繰り返しになりますが、引用文献１のアイデアには、本願発明の「**鉄芯レスコイ**

第2章　トルク脈動レス発電機の特許取得への挑戦

ル」の使用を特定した「**トルク脈動レス発電機**」を使用する技術思想が無く、古い技術常識を踏まえた「鉄芯ありコイル」を特定しています。

　したがって、**引用文献1の「発電機を含めた発電システム」**は、本願発明の実施可能な事実と比較して全く成立しない「発電システム」であって、**本願発明の「電力システム」**とは「**似ていて全く非なるもの**」と断定できます。

●進歩性についての立証

　これも前述した「3．立証の主旨」における繰り返しになりますが、「**●発明該当性3**」拒絶理由通知書（発送番号206354）ページ2/5において摘記の「進歩性」の拒絶理由は、「鉄芯レス発電機」は周知の技術であり、当業者が引用文献1に記載の「発電システム」において「鉄芯あり発電機」と「鉄芯レス発電機」の選択は容易である。また、「電力システム」にバッテリを組み込んで発電電力を充電することは容易に想到できる故に、本願発明の「電力システム」には進歩性がないとしていますが、引用文献1における「鉄芯ありコイル」使用を特定した発電機と本願発明の「鉄芯レスコイル」の発電機の根本的差異が、上記の「**●実施可能要件についての立証**」に記述した如く、「**実施不可能と実施可能**」の「**雲泥の大差**」、「**月とスッポンの大差**」であり、結果として「**当該出願発明の属する技術の分野における通常の知識を有する者が容易に発明することができたもの**」ではではありません。従って、進歩性の有無を語るに値せず、本願発明には「**進歩性あり**」が明白です。

　さらに、担当審査官が貴特許庁の**特許審査基準**の「**自然現象に反するもの**」を読み違えて「**エネルギー保存の法則に反する**」との文言を**頻発記載**し、とりわけ、「仮に、初期において稼働に至ったとしても、連続的なエネルギーを付与しない以上、機械的摩擦や抵抗等のエネルギー消費により直ちに（遅滞なく）停止することが、いわゆるエネルギー保存の法則を踏まえた技術常識である。」と記載し、**その古い技術常識に拘泥・固執**して本願発明の「鉄芯レス発電機」の高出力発電の実証済み性能を頑なに認めようとしません。担当審査官の知識では理解できないほどの「**実証された新技術**」、これを「**進歩性がない**」とは言えません。

　したがって、本願発明の「電力システム」は、担当審査官の主張とは裏腹の実証済み高性能発揮の「電力システム」の理由により、引用文献1に記載の発明と比較して、本願発明の「電力システム」には「**進歩性あり**」が明白です。

　「鉄芯レスコイル」を使用した「トルク脈動レス発電機」を小電力で駆動するＤＣモータを使用して毎分1,360～1,900m［回転直径φ55mmにおける周速度：毎時81.6～114km］の高速で「ネオジムー鉄ー硼素磁石」を「鉄芯レスコイル」の側近を通過させると、ＤＣモータに供給した小電力を遙かに上回る電力を発電できることを実証した事実に基づく技術思想は、これまでの技術常識を覆す21世紀の新しい技術常識になります（**参考図5および参考図6参照**）。

　因みに、18世紀末から20世紀初頭にかけて、欧州の学者や技術者等が唱えた「ベルヌーイの定理」、「クッタ＝ジュコフスキーの渦理論」、「エネルギー保存の法則」、「ガリレオの落体の法則」とそれの一部を敷衍して唱えた「トリチェリの定理」等は、単純な思い付きで提唱された錯誤仮説ですので、実に簡単な実験によって、それらの「ウソ理論」を覆すことができます

　また、1903年にライト兄弟が飛行機の初飛行に成功した事実に対して、科学雑誌サイエ

-43-

第2章　トルク脈動レス発電機の特許取得への挑戦

ンティフィック アメリカン、ニューヨーク チューンズおよびニューヨーク ヘラルドなどの情報メディア、アメリカ合衆国陸軍、北米東部メリーランド州ボルチモアのジョン ホプキンス大学の数学・天文学教授サイモン ニューカムを始めとする各大学の教授や科学者などが**「機械が飛ぶことは科学的に不可能」**として、ライト兄弟によって実証された**「飛行成功の事実」**を認めようとはしなかった事実があります。彼らインテリジェンチャとされる人々の言う「科学的に不可能」とした**「尤もらしい根拠」**は、其の実**「科学的に根拠のない根拠」**であり、全くもって怪しいのです。

　結論として、本願発明に関しての拒絶理由、「2．拒絶査定の要点」における拒絶理由1（発明該当性）〜拒絶理由4（進歩性）等における拒絶理由とした特許法の条文、
　●（発明該当性）特許法第29条第1項柱書に規定する要件を満たしていないから、特許を受けることができない。
　●（明確性）特許法第36条第6項2号に規定する要件を満たしていない。
　●（実施可能要件）特許法第36条第4項1号に規定する要件を満たしていない。
　●（進歩性）特許法第29条第2項の規定により特許を受けることができない。
等は、前述の「3．立証の主旨」の各項に記述した●発明該当性1についての立証、●発明該当性2についての立証、●発明該当性3についての立証、●明確性についての立証、●実施可能要件についての立証ならびに●進歩性についての立証理由により、本願発明は「特許を受けることができない」ではなく、「特許されるべき要件」を満たします。

4．本願発明が特許査定されるべき理由
　本出願発明については上記の「3．立証の主旨」の各項●発明該当性1についての立証、●発明該当性2についての立証、●発明該当性3についての立証、●明確性についての立証、●実施可能要件についての立証ならびに●進歩性についての立証、の理由により特許されるべきです。

5．むすび
　したがって、上記「3．立証の主旨」によれば、原拒絶査定には拒絶に足る理由がなく、よって、原査定を取り消す、この出願の発明はこれを特許すべきものとする、との審決を求めます。

「参考図」
　図1

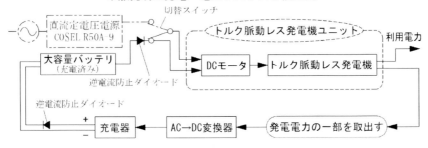

本願発明の発電・電力システムの模式図

第2章　トルク脈動レス発電機の特許取得への挑戦

図2-1/2

永久機関の夢物語

　世の閑人の中には、趣味なのか、それとも一攫千金を目論んだのか、「永久機関」の発明に挑戦した人々がいました。中には特許権を取得したモノまであります。
　しかし、それらのいずれもが成功しなかったことから「永久機関は不可能」といわれています。

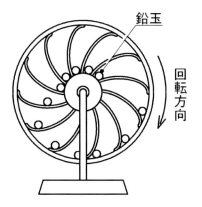

【永久機関説】
　ウースター侯爵家の2代目エドワード＝サマーセット(1601-1667)の考案によると、
　中心にある鉛玉が重力で転がり、車は右回転する。その回転で鉛玉は元の中心位置に戻り、永久に車が回転するというモノ。

【実際には】
　鉛玉は途中で停止してしまって元の位置には戻らず、車は回転しない。

図2-2/2

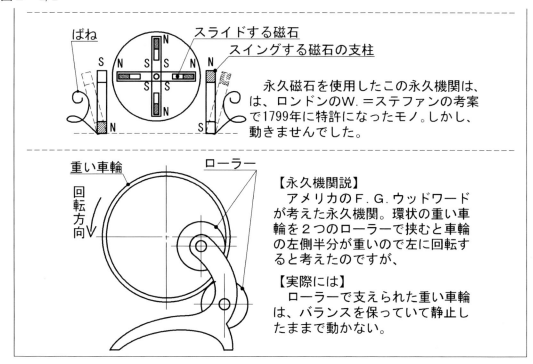

　永久磁石を使用したこの永久機関は、ロンドンのW.＝ステファンの考案で1799年に特許になったモノ。しかし、動きませんでした。

【永久機関説】
　アメリカのF.G.ウッドワードが考えた永久機関。環状の重い車輪を2つのローラーで挟むと車輪の左側半分が重いので左に回転すると考えたのですが、

【実際には】
　ローラーで支えられた重い車輪は、バランスを保っていて静止したままで動かない。

第2章　トルク脈動レス発電機の特許取得への挑戦

図3-1/2

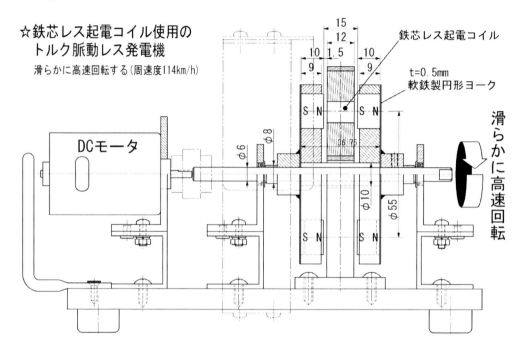

図3-2/2

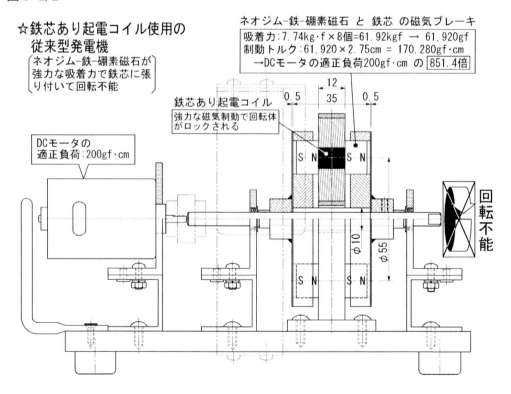

第2章　トルク脈動レス発電機の特許取得への挑戦

図4

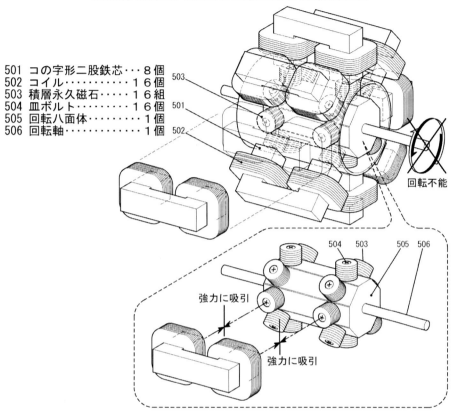

図5

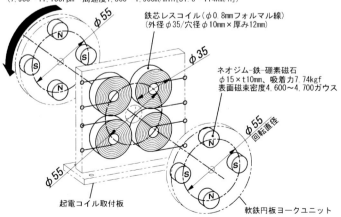

第2章　トルク脈動レス発電機の特許取得への挑戦

図6

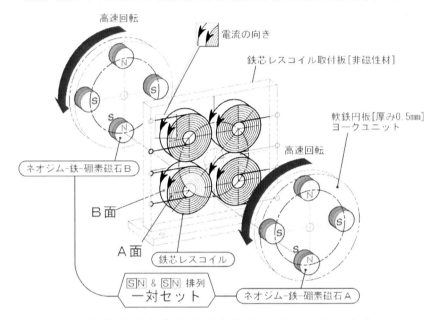

＊＊＊＊＊＊＊＊＊＊＊＊＊＊＊＊＊＊＊＊＊

　上記「審判請求書」のA4判全文は、読みやすくするための判断で文章の一部を「**太字**」にした文章でオンライン提出しましたが、特許庁の文書ソフトにより全文が明朝体に変換されてしまいました。ここでは、作成時のままの原稿をB5判に援用コピーしています。

　本件の「審判請求書」の審判請求人、代理人は、両者ともに同一人ですが、通常の場合の代理人は弁理士がほとんどです。

　但し、特許法では、弁理士の資格がない一般人でも、依頼人から「**業として報酬を得なければ**」「出願人」の代理人として、「特許出願」、「審査請求」、「審判請求」などの書類を作成し、特許庁への提出をすることができます。

　偶々、本件の場合、発明者個人が「出願人である法人の代表者（発明者と同一人）」に発明の権利を譲渡し、その出願人から審判請求人として「発明者・出願人と同一人」が依頼を受けて代理人となり、「審判請求書」をオンライン提出しています。

　希に見る珍しい例ですが、オンライン提出を利用する場合、法人の「電子証明カード」の発行手数料が個人の「電子証明カード」より高額なために「法人の出願人」ではなく、**合法的に費用節約をするための方便**を行使したわけです。つまり、以前に弁理士試験に挑戦して「特許法の学習」をした経験の持ち主である「個人」を代理人に依頼したため

-48-

第2章　トルク脈動レス発電機の特許取得への挑戦

です。結果として、「発明者＝出願人（法人の代表者）＝代理人」の一人三役となった次第でした。

【審判請求書提出以後の経過】

・**平成 28 年 1 月 19 日 手続補正指令書（方式）起案種別（長官指令）：**
　　この審判請求手続について、方式上の不備がありますので、この指令の発送の日から３０日以内に、下記事項を補正した手続補正書（方式）［代理権を証する書面］を提出しなければなりません。上記期間内に手続の補正をしないときは、特許法第18 条第１項の規定により審判請求手続を却下することになります。

・**平成 28 年 1 月 29 日 手続補正書（［特許法第 9 条の規定による特別授権］包括委任状）を書面にて提出**
　　【註】包括委任状の書式見本は、市井の特許事務所が Web に掲載している

・**平成 28 年 2 月 22 日 審査前置移管通知：（特許庁よりのはがき）**
　　この拒絶査定不服審判事件は、審判請求と同時に明細書特許請求の範囲又は図面に補正がありましたので、特許法第 162 条の規定により審査官に審査（前置審査）させることになりましたのでお知らせします。
　　【註】前置審査：担当審査官による再審査のこと

・**平成 28 年 3 月 18 日 審査前置解除通知：（特許庁よりのはがき）**
　　この拒絶査定不服審判事件は、特許法第 162 条の規定により審査官が審査（前置審査）していましたが、今後は、審判官の合議体が行うこととなりましたのでお知らせします。合議体を構成する審判官の氏名は、後日お知らせします。
　　【註】担当審査官による再審査で新たな拒絶理由がなく、そうかと言って特許査定の判断もできない

・**平成 28 年 7 月 11 日 審判官及び審判書記官指名通知：（特許庁よりのはがき）**
　　この審判事件について、審判官及び審判書記官を次のとおり指定（変更）しましたのでお知らせします。
　　審判長　特許庁審判官　　堀川一郎
　　　　　　特許庁審判官　　久保竜一
　　　　　　特許庁審判官　　中川真一
　　　　　　審判書記官　　　鈴木玲子

・**平成 28 年 9 月 27 日 審理終結通知書：（特許庁よりの書留封書）**
　　審判請求の番号　　　　　不服 2015- ＸＸＸＸＸ
　　（特許出願の番号）　　　（特願 2014-222855）
　　起案日　　　　　　　　　平成 28 年 9 月 12 月
　　審判長　特許庁審判官　　堀川一郎
　　請求人　　　　　　　　　合資会社パト・リサーチ　様
　　代理人　　　　　　　　　松本　修身　様
　　この審判事件の審理は終結しましたのでお知らせします。

・**平成 28 年 11 月 1 日 審決**
　　本件審判の請求は、成り立たない

・**平成 28 年 11 月 25 日**に知的財産高等裁判所に訴状を提出しました。

第 2 章　トルク脈動レス発電機の特許取得への挑戦

2.4 訴状の骨子—「エネルギー保存の法則」を撃砕する発明—

　知的財産高等裁判所に提出する訴状は、A4 判サイズで 2 枚で 1,3000 円の収入印紙 (消印せず)を貼り、郵便切手 6,000 円をビニル袋に入れて添付します。訴状には添付書類として、原告が法人の場合は登記簿謄本 1 通、審決謄本の写し 1 通を添付します。

　「審決の理由に対する認否」および「原告の主張(取り消し事由)」を訴状に記載しない場合には、第 1 回準備書面に記載します。今般の訴状には 40 時間をかけて作成した準備書面を載せました。

　審決の骨子は、「エネルギー保存の法則」を盾にしての審査官による拒絶査定ですので、それを覆す理由として特許出願した発明が「エネルギー保存の法則」を撃破した証拠を挙げることになります。以下がその証拠になります。

2.4.1. 特許出願とその後の経過

　2014 年 10 月 31 日に特許出願した発明、「トルク脈動レス発電機で発電した電力を発電機ユニット自体および外部に連続的に給電し続ける電力システム」は、2015 年 8 月 25 日に拒絶査定され、それを不服として 2015 年 11 月 24 日に拒絶査定不服審判請求をしました。これに対して発送日を 2016 年 11 月 1 日とした審決の文書が翌日の 2 日に届きました。その内容は、「本件審判の請求は、成り立たない」でした。訴状提出の期限内の**平成 28 年 11 月 25 日**に知的財産高等裁判所に訴状を提出しました。

　拒絶査定・審決の骨子は、「『エネルギー保存の法則』に反する」・「自然法則に反している」であり、拒絶査定においても、審決においても、それを何度も何度も繰り返して主張しています。この主張は、文書ではなく、口頭で聞かされたとしたら、耳に蛸ができるほどの執拗さです。

　審決の pp. 10, 11 においては、「具現化された装置ということができず、実証結果がいかなる条件の下で得られたのかも明らかでなく、公的機関において証明されたものでもない」、と「ニセ物呼ばわり」する暴言を吐き、「電圧であって電力ではない」、とも主張しています。電力は負荷の電流あるいは抵抗の大きさによって変わりますので、負荷に流れる電流あるいは抵抗が大きければ発電機のコイルの導線を太くすれば良いだけのことです。ここで特筆するほどのことではありません。また、乾電池の電気量表示は、「電圧の V」です。審判官は乾電池を見たことがないのでしょう。

　面白いことには、審決の p. 10 において「エネルギー保存の法則」は、現在の科学技術の普遍的法則であり、常識であるとして、錯誤と誤認の仮説「エネルギー保存の法則」に関しての参考文献を挙げていることです。

＊＊＊＊＊＊＊＊＊＊＊＊＊＊＊＊＊＊＊＊＊＊＊＊＊＊＊＊＊

エネルギー保存 conservation of energy, energy conservation
《物理》
　①エネルギーはある形態から別の形態へ変化することはありえても、新たにつくり出されることも消滅することもありえないという原理。②この原理が破れる例はいまだに見出されていない（マグローヒル　科学技術用語大辞典　日刊工業新聞社刊　2001.5.31 p.166）[①と②は筆者の追記]

＊＊＊＊＊＊＊＊＊＊＊＊＊＊＊＊＊＊＊＊＊＊＊＊＊＊＊＊＊

第2章　トルク脈動レス発電機の特許取得への挑戦

2.4.2.「エネルギー保存の法則」が破られる

「才をひけらかす者は才に溺れる」、審判官は、「②この原理が破れる例はいまだに見出されていない」が破れることを努にも思わなかったに違いない。

筆者が「面白いことには」としたのは、上記参考文献の中の「②この原理が破れる例はいまだに見出されていない」の一節は、「エネルギー非保存の現象」の例外に相当する〔発明の名称〕「トルク脈動レス発電機で発電した電力を発電機ユニット自体および外部に連続的に給電し続ける電力システム」によって見事に破られるからです。

言い替えますと、当該発明は、錯誤と誤認の仮説「エネルギー保存の法則」を根底から覆す世界初の大発見であり、実施した場合には莫大な経済的効果を生み出す大発明です。

したがって、特許法第29条第1項柱書きに記載の下記の3項に該当しなければ特許を受けられることです。

一　特許出願前に日本国内において公然知られた発明
二　特許出願前に日本国内において公然実施をされた発明
三　特許出願前に日本国内又は外国において頒布された刊行物に記載された発明

これら各項の条文のどれもが本出願発明には該当しませんので、世界初の発明であり、特許庁の審査官による拒絶査定ならびに審判官による拒絶査定の追認は撤回されなければなりません。

「拒絶査定」をした審査官・それを追認する3名の審判官は、錯誤と誤認の仮説「エネルギー保存の法則」を「押さえ所」に据えて「特許潰し」に血眼になっていただけに、その骨組みが土台からガラガラと崩れ落ちます。

2.4.3.「エネルギー保存の法則」が破られた証拠

2015年1月31日発行の著作「トルク脈動レス永久発電機・電力システムを考える」のpp.56,57において［購入した直流定電圧電源］に挙げた下記の2機種は、ＤＣモータ駆動に適さないことを述べました。

①　アルインコ㈱製 DM-310V（1〜15V可変、連続8A出力）
②　㈱エー・アンド・ディ製 AD-872（DC0〜20V可変、5.0A出力）

それら2機種の他に、次候補③の直流定電圧電源をWebで検索して知り、通販のモノタロウに注文しました。Webの製品紹介の記事にそれを広告してあるものの、その納期が2ヶ月を要したオーダー品でした。

③コーセル㈱製 R50A-9（DC9V, 5.6A）

上記の①および②は、サイズが大きくて重い変圧器（4.4kg）を使用している製品でしたが、スイッチング方式の③は、小形で軽量の230gでした。

これ以前にはアルカリ乾電池6個を直列に接続して当該発明のテストに使用していましたが、その蓄電容量が少ないために、使用していマブチのＤＣモータ RS-540SHの消費電流 6.1A（図1）に対応できず、短時間で消耗してしまいました。それ故にアルカリ乾電池では DC9V を維持できず、直流定電圧電源の使用を思い立ったいきさつがあります。

-51-

第2章　トルク脈動レス発電機の特許取得への挑戦

図1　マブチのDCモータ性能表

　発注してから2ヶ月後に届いた③を使用して、マブチモーター㈱製DCモータRS-540SHが正常に回転することを確認しました。

　上記の①および②の製品では、DCモータを接続した当初からDC9Vにならず、僅かDC3Vの電圧にダウンしてしまうトラブルには辟易していましたから購入金額 31,911円の無駄遣いの後であり、「優れもの」に巡り会えた「ハーイ、ラッキー！」の感慨でした。

　しかし、「ハーイ、ラッキー！」は、束の間の「安堵の胸のなで下ろし」でした。起電コイルに負荷をかけると、この製品もDCモータの「回転トルク変動」を検知して、装置内の保護回路が働き、DCモータの回転数が低下したに違いなく、それに直結している「トルク脈動レス永久発電機」の回転数が低下してしまう現象が発生しました。

　③コーセル㈱製 R50A-9 が「優れもの」と思っていただけに、この「回転数ダウンは、負荷に耐えられないのだろうか？これでは発明の主眼が成り立たない」ことになりますので大ショックでした。

　この発明に関しては、「DCモータの回転トルクと発電機の発電電圧とは機械的には直接つながっていず、起電コイルの数を増やせば増やすほど、発電電圧が高くなる現象」が夢幻だったことになります。

　DCモータの「回転数は入力電力に比例する」のは自然現象そのものです。もしかして、「優れもの」と思っていた「③コーセル㈱製 R50A-9」も前記の①および②と同様に「DCモータの回転トルク変動を検知して装置内の保護回路が働いて出力がダウンしたのではあるまいか」、を懸念し、その出力電圧を測定してみました。以下がその結果です。

〈測定結果1〉　無負荷で運転するときには、仕様どおりのDC9Vだが、「ＡＣ－ＤＣ変換器」(写真1)を取り付けると、回転数がダウンして③の発生電圧がDC3.8Vにダウンした。

〈測定結果2〉　「ＡＣ－ＤＣ変換器」と「発電機」間の導線を取り付けたままの状態で接続を切るとDC4.25Vになった。

〈測定結果3〉　「ＡＣ－ＤＣ変換器」を取り付けたままで、更にその出力側に負荷のDCモータRS-540SHを接続した場合、
　　　　　　　・DCモータ2個を直列接続で　→　DV4.6V
　　　　　　　・DCモータ1個のみを接続で　→　DV4.6V

第2章　トルク脈動レス発電機の特許取得への挑戦

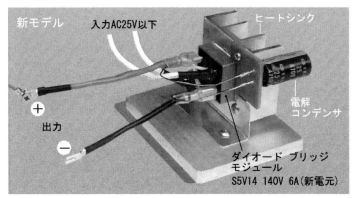

写真1　簡単な構造の手作り整流器

　これらの数値の平均値DC4.3Vは、無負荷時の電圧DC9Vに対して47.7%になります。
　アルカリ乾電池6個の代替品として使用した「③コーセル㈱製　R50A-9」の約50%出力ダウンは、結果として前出の①および②の直流定電圧電源と同様にＤＣモータ用の電源には役立たなかったことになります。
　つまり、直流定電圧電源を使用しての実験は、反面教材であり、「**トルク脈動レス永久発電機が発電した電力は、変圧器で電圧を変圧し、簡単な構造の整流器を介して大容量のリチウム-イオン蓄電池**」に充電することに尽きることになります。
　必要としたDC9V仕様のリチウム-イオン蓄電池がまだまだ、市場に出回っていないのが現状ですので、上記の実験結果から判断して、それを使用すれば直流定電圧電源を使用した場合のような回転数ダウンのトラブルが無く、「〔**発明の名称**〕**トルク脈動レス発電機で発電した電力を発電機ユニット自体および外部に連続的に給電し続ける電力システム**」が機能することは確実であり、そのことを確認しました。
　特許出願書類は、この実験結果を踏まえて、それを前提にして作成しています。
　ちなみに、Simple is the best.その整流器は、ダイオード　ブリッジ　モジュールと電解コンデンサを組み合わせただけの簡単なものです(写真1)。
　平成26年10月31日に特許出願した「〔発明の名称〕トルク脈動レス発電機で発電した電力を発電機ユニット自体および外部に連続的に給電し続ける電力システム」は、大容量バッテリからＤＣモータに給電したDC9Vの電圧よりも遙かに大きいAC70Vを4個のコアレス起電コイルから発電し、しかも負荷をかけても大容量バッテリの電力はＤＣモータの回転トルクに影響せずに、これに直結してある発電機も起電コイルに接続した負荷の有無の別なく、変わらない回転数で回転し続けます。正に「発明の名称どおり」の発明品になります。
　この発明を思い立った時から今日まで、審判官が審決で述べた参考文献の「**②この原理が破れる例はいまだに見出されていない**」の文言を知りませんでした。しかし、負荷をかけても大容量バッテリの電力は、ＤＣモータの回転トルクに影響せずに、起電コイルの発生電圧を負荷に繋いでも、その「負荷の有・無」と変わらない回転数で回転し続けることは承知していました。それが「**エネルギー保存の法則**」**が破られた歴とした証拠ですから、世界初の大発見であり、世界初の大発明になることです。**
　審判官が審判で述べた主張、「具現化された装置ということができず、実証結果がいかなる条件の下で得られたのかも明らかでなく、公的機関において証明されたもので

第2章　トルク脈動レス発電機の特許取得への挑戦

もない」と「ニセ物呼ばわり」した暴言は、妄言であり、誹謗そのものです。

　つまり、デタラメであり、職権を笠に着た威力業務妨害、出願人を誹謗する名誉毀損です。なぜならば、この発明品は、パソコンのハード　ディスク　ドライブ装置ではあるまいし、空気清浄設備を備えて温度管理をしたクリーン　ルームで実験するほどの代物ではなく、ガレージに置いた組み立て式作業台の天板の上、オフィスの事務机の上、居間のテーブルの上に置いて取り扱える代物であり、敢えて公的機関の証明書が必要な代物でもありません。審判官の常識は、凡人には理解できない非常識そのものです。

　科学が立てた理屈はいつも暫定的なものであり、絶対の真理ではなく、現象によって検定され、場合によっては見捨てられます（やぶにらみ科学論　池田清彦著　ちくま新書 p.228）。

　本願発明のＣ型トルク脈動レス発電機の発電電圧が、発電機を回すＤＣモータへ供給した電圧 DC9V に対して、起電コイル４個直列接続の発電電圧約 7.77 倍に達する AC70V の実証実験結果は、奇しくもその好例です。

2.4.4. 訴状の提出

　千代田区霞ヶ関の知的財産東京高等裁判所の受付窓口に訴状を提出したときに、受付担当の女性職員から、なるべく早く「証拠説明書」を提出してくださいと言われました。そのひな形を見せてくれ、書式はインターネットに載っていますのでダウンロードしてくださいとのことでした。正本×１、複本×１、写し×３　を提出しました。

平成２８年（行ケ）第１０２４９号　審決取消請求事件
原告　合資会社パト・リサーチ
被告　特許庁

証　　拠　　説　　明　　書

平成 28 年 11 月 29 日

知的財産高等裁判所第２部　御中

原告　訴訟出願人合資会社パト・リサーチ
代表者無限責任社員　松　本　修　身

号証	標　目 （原本・写しの別）		作成年月日 作成者	立証趣旨	備　考
甲　1	明細書、特許請求の範囲 要約書、図面	写し	H26.10.31 出願人	本件発明の内容	審判甲第１号証
甲　2	審決が言及した拒絶理由 通知書	写し	H27.04.30 特許庁	本件発明に対する 拒絶理由通知	審判甲第２号証
甲　3	審決が言及した意見書	写し	H27.05.19 出願人	本件発明に対する 拒絶理由通知に対 しての意見書	審判甲第３号証
甲　4	審決が言及した手続補正書	写し	H27.05.19 出願人	本件発明に対する 拒絶理由通知 しての手続補正書	審判甲第４号証

第2章　トルク脈動レス発電機の特許取得への挑戦

甲　5	審決が言及した拒絶査定	写し	H27.08.19 特許庁	本件発明に対しての拒絶査定	審判甲第5号証
甲　6	審決が判断の理由において引用した周知例－1（公開特許公報 特開2008-220120）	写し	H20.09.18 特許庁	本件審決における引用刊行物1の内容	審判甲第6号証
甲　7	審決が判断の理由において引用した周知例－2（公開特許公報 特開2013-55789）	写し	H25.03.21 特許庁	本件審決における引用刊行物2の内容	審判甲第7号証
甲　8	審決が判断の理由において引用した周知例－3（公開特許公報 特開2011-4576）	写し	H23.01.06 特許庁	本件審決における引用刊行物3の内容	審判甲第8号証
甲　9	陳述書	原本	H28.11.28 出願人	本件発明に関する出願人の技術的見解	審判甲第9号証
甲9の1 ～ 甲9の8	写真（撮影時の写真を編集）撮影対象　発明の実験機および計測器　撮影時期　H26.09.19　撮影場所　出願人宅のガレージ	原本	H28.11.27 出願人	発明品の外観および実証実験に使用した測定器の外観	審判甲第9の1号証 ～ 審判甲第9の8号証

　号証の甲1～甲8の文書は、出願から審決までの書類の写しであり、保管綴りのファイルから抜き出して、ツルハドラッグに最近導入された「5円コピー」機でコピーしました。そのコピー代金は1,160円でした。号証の甲9、甲9-1～9-8が証拠説明の重要ポイントになりますので、陳述書の冒頭に下記の図を載せました。

2.4.5. 「審決取消」の最大理由を図解した陳述書

　審決の文言、「**A. モータ及び発電機の効率が100％より低いことは技術常識であり、当該技術常識を考慮すれば、前記トルク脈動レス発電機は、前記DCモータに供給される電力よりも少ない電力を発電するものである。**」との揣摩憶測の文言は、審決のページ6, 12, 13, 18, 20 および24で繰り返されており、「エネルギー保存の法則」の自然法則に反し、特許法第29条1項柱書きに規定する『発明』に該当しない」との記述をしています。
出願人は、特許出願に先立って、当願発明の実験機を製作し、DCモータに給電する出力を遙かに超える発電電圧を測定し、願書の図面の「図4」にその測定値をグラフとして提示しているのですが、審査官・審判官ともども上記「A」の理屈に毒されていて見向きもしないのです。
　下記の図 2 **図解、「審決取消」の最大理由**は、審判官を含めて裁判官に原告の主張を直感的にピーアールするために作成した**「極め手となる図」**であり、訴状による「審決取消」の最大理由を分かり易く開示していると思っています。
　特許法**第181条**の条文を読めば、**「当該請求を理由があると認めるとき」**の先取特権

第2章　トルク脈動レス発電機の特許取得への挑戦

に持ち込めるからです。

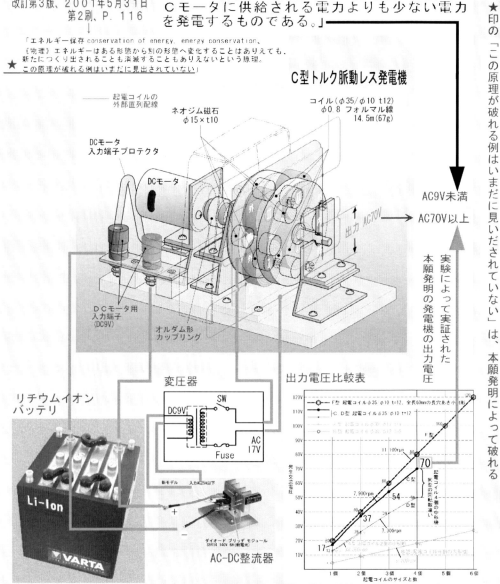

図2　図解、「審決取消」の最大理由

（審決又は決定の取消）
第181条　裁判所は、第178条第1項（審決等に対する訴え）の訴の提起があった場合において、当該請求を理由があると認めるときは、当該審決又は決定を取り消さなけ

-56-

第2章　トルク脈動レス発電機の特許取得への挑戦

ればならない。

2 審判長は、前項の規定による審決又は決定の取消の判決が確定したときは、さらに審理を行い、審決又は決定をしなければならない。

　上記は、原告の主張が正当であり、審決又は決定をそのまま維持することができないと認める場合には、裁判所は（特許庁による）審決又は決定を取消すべきことを定めている条文です。〔（特許庁による）は筆者の追記〕

　錯誤と誤認の仮説「エネルギー保存の法則」を楯にして拒絶査定を強行する特許庁に対しては、裁判所が原告の主張が正しいと認めさせることにあります。奇しくも、審判官が挙げた文献の記述をひっくり返す方策「**文献にある落とし穴**」を利用します。裁判所に提出する証拠説明書に添付することができる「陳述書」にそれを分かり易く図解して載せることにした所以です。これは審査官も審判官も気付いていないことであり、物理学界の常識とされている錯誤と誤認をも根底からひっくり返す現象と理論です。

　審決の 10 ページには、前出の「エネルギー保存の法則」の自然法則に反するとして、下記の文献を挙げて、当願発明に対しての「拒絶査定の最大の根拠」としています。
　　＊＊＊＊＊＊＊＊＊＊＊＊＊＊＊＊＊＊＊＊＊＊＊＊＊＊＊＊
エネルギー保存 conservation of energy, energy conservation
《物理》①エネルギーはある形態から別の形態へ変化することはありえても、新たにつくり出されることも消滅することもありえないという原理。②この原理が破れる例はいまだに見出されていない（マグローヒル　科学技術用語大辞典　日刊工業新聞社刊
2001. 5. 31　p. 166）〔①と②は筆者の追記〕
　　＊＊＊＊＊＊＊＊＊＊＊＊＊＊＊＊＊＊＊＊＊＊＊＊＊＊＊＊
　審決は、「**この原理が破れる例はいまだに見出されていない**」が破れることを努にも思わなかったに違いない、と前にも述べました。

　上記参考文献の中の「**②この原理が破れる例はいまだに見出されていない**」の一節は、〔発明の名称〕**トルク脈動レス発電機で発電した電力を発電機ユニット自体および外部に連続的に給電し続ける電力システム**〕によって見事に破られます。

　言い替えますと、**当該発明は、「エネルギー保存の法則」を根底から覆す世界初の大発見であり、実施した場合には莫大な経済的効果を生み出す大発明です。**

　したがって、特許法第 29 条第 1 項柱書きに記載の下記の 3 項に該当しないので特許を受けられることになります。
　　一　特許出願前に日本国内において公然知られた発明
　　二　特許出願前に日本国内において公然実施をされた発明
　　三　特許出願前に日本国内又は外国において頒布された刊行物に記載された発明
　これら各項の条文のどれもが本出願発明には該当しない、世界初の発明であり、特許庁の審査官による拒絶査定ならびに審判官による拒絶査定を追認した審決は、撤回されなければなりません。

　審決のページ 10, 11 で述べた主張、「**具現化された装置ということができず、実証結果がいかなる条件の下で得られたのかも明らかでなく、公的機関において証明されたものでもない**」と「**この世に存在しないニセ物呼ばわり**」した暴言は、妄言であり、

-57-

第2章　トルク脈動レス発電機の特許取得への挑戦

誇言そのものです。
　つまり、正当な技術的理論に基づかない**揣摩憶測**の屁理屈であり、当該特許出願に先駆けて製作した実験機は、「**具現化された装置**」であり、実証実験をしています。
　その事実に対して、上記審決の言い分は、本筋を逸脱し、出願人を誹謗する名誉毀損でもあります。なぜならば、この発明は、パソコンのハード ディスク ドライブ装置ではあるまいし、空気清浄設備を備えて温度管理をしたクリーン ルームで実験するほどの代物ではなく、ガレージに置いた組み立て式作業台の天板の上、オフィスの事務机の上、居間のテーブルの上に置いて取り扱える代物であり、敢えて公的機関の証明書が必要な代物でもありません。
　審判官の常識は、役所の机上で空回りしている「空理・空論」であり、凡人の筆者には理解できない非常識そのものです。

2.4.6. エネルギ非保存の現象＝エネルギ非保存の法則
　しかし、審決謄本の全ページに渡って述べられている事項は、「『エネルギー保存の法則』に反する」・「自然法則に反している」・「モータ及び発電機の効率が100％より**低いことは技術常識であり、当該技術常識を考慮すれば、前記トルク脈動レス発電機は、前記ＤＣモータに供給される電力よりも少ない電力を発電するものである。**」を基軸にして展開しており、揣摩憶測のオンパレードです。
　また、審決謄本の冒頭で「図面は一般に多様な解釈が可能であるから、図面によって示唆される事項は、一般にその内容及び意味が曖昧である」として、「本件補正後の特許請求の範囲の前記記載によって特定しようとする事項が明確に把握できない。」との体たらくなので前記図解の(図2)他に文章も添えることにしました。

【エネルギ非保存の現象】
　2003年に退役した超音速旅客機コンコルドは、驚愕の高出力・驚愕の燃料消費の「純ジェットエンジン」4基を搭載し、音速の約2倍のマッハ2で飛行していました。
　怪鳥と渾名されたコンコルドがマッハ2で飛行すると、空気との摩擦熱で機首先端120℃、胴体91℃の高温になり、全長61.66mの機体が熱膨張で20cmも伸びたと言われました（写真2）。

写真2 超音速旅客機コンコルド（出典 https://www.bing.com/images)

　離陸前に積載していた化石燃料ケロシンの質量エネルギは、エンジン内で熱と圧力に変換され、エンジン後部から噴出されて運動エネルギになり、機体を推進させます。
　その運動エネルギは、大気との摩擦によって機体を発熱させます。お呼びでもない

第2章　トルク脈動レス発電機の特許取得への挑戦

摩擦熱損失は目的地に着陸すると、時間の経過と共に冷やされて、燃料タンクに残っているケロシンだけが消費されなかった質量エネルギとして残ります。

　元のケロシン積載量から消費されなかった量を差し引けば、消費された質量エネルギとして計算できるとしても、既に消費されてしまった質量エネルギは「亡き子の歳を数える親心」に似て元に返りません。

　もう一つの例、米国陸軍が採用している照準付き M16 ライフル銃の弾丸は、引き金を引くと、3,621km/h（マッハ 3.41）の超スピードで飛翔し、約 900m 先の直径 2.5cm の標的に百発百中で命中します（写真3）。

写真3　米国陸軍の M16 ライフル銃（出典アメリカ軍用銃パーフェクトバイブル p.152 学研）

　薬莢に詰めた火薬が爆発して熱と圧力エネルギに変換されて、弾丸を発射させる運動エネルギになって弾丸が飛び出し、大気との摩擦で発熱しながら 900m 先方の標的に突き刺さって停止します。この間のエネルギ変換のプロセスは、映像フィルの逆廻しで見ることはできても、実際に消費してしまったエネルギは元には戻らない不可逆です。出願人は、これらを「**エネルギ非保存の現象**[C]」あるいは「**エネルギ非保存の法則**[C]」と呼ぶことにしています。

　審決謄本のページ 10/25 で審判官が紹介している文献を千葉県中央図書館に出向いて目通しすると、前出の繰り返しになりますが、下記の説明の記載でした。

＊＊＊＊＊＊＊＊＊＊＊＊＊＊＊＊＊＊＊＊＊＊＊＊＊＊＊＊＊＊

「エネルギー保存 conservation of energy, energy conservation、
《物理》①エネルギーはある形態から別の形態へ変化することはありえても、新たにつくり出されることも消滅することもありえないという原理。②この原理が破れる例はいまだに見出されていない」［①と②は筆者の追記］

＊＊＊＊＊＊＊＊＊＊＊＊＊＊＊＊＊＊＊＊＊＊＊＊＊＊＊＊＊＊

　この説の①は正しいだろうか？　②はどうだろうか？　「超音速旅客機コンコルドの例」および「照準付き M16 ライフル銃の発射例」に見る「飛行と摩擦熱などの損失によって消費されてしまった質量エネルギ」が保存されない例にも見られる如く、これは確認できる日常茶飯事の事象です。

　実在する自然現象、エネルギは変換過程で減衰し、最終過程では無に帰します。エネルギは保存されない現象、つまり「**エネルギ非保存の現象**[C]」に他なりません。

　審判官は、「前記ＤＣモータを含めた前記トルク脈動レス発電機の回転部を支承する回転支障部における摩擦損失や前記起電コイル及び前記ＤＣモータのコイルの巻線における損失等が存在し、「エネルギー保存の法則」からして、前記ＤＣモータを含めた前記トルク脈動レス発電機の効率は 100％よりも低くなるから、前記トルク脈動レス発電機が発電する電力は前記ＤＣモータに供給される電力よりも低くなる」と極めて

-59-

身勝手な主張しています。「根拠もなくあれこれおしはかって勝手に創造すること」を**揣摩憶測**と言います。白馬非馬論、堅白同異論で知られる趙の詭弁の大家、公孫竜（BC32–BC250 頃）もおっ魂消る 21 世紀の詭弁です。

　ＤＣモータの適正負荷時の回転数 14,400rpm がトルク脈動レス発電機を接続すると回転体の自重と回転直径による反偶力、風損（空気抵抗）や支軸ベアリングなどの機械的摩擦損失によって回転数が 8,000rpm にダウンするところまでの現象は、「エネルギ**保存の法則**」ではなくて、出願人の技術思想の「エネルギ**非保存の法則**」に相当します。

　審判官は、エネルギの「**保存**」と「**非保存**」をごちゃ混ぜにしています。「はじめに言葉ありき、言葉は神とともにあり、言葉は神なりき（ヨハネによる福音書第 1 章）」、に見られる**言葉の重要**さに照らせば、言葉の趣意を間違えるような審判官は、議論の場に出場する以前の資格の欠如、失格です。

　このような審判官の首をすげ替えても、金太郎飴の如き同じ面々がでて来るだけであり、特許庁の「**審査基準**」が今のままでは「知」の欠如であり、先々までも「恥」を引きずっていくことになります。

　審判官は、上記の理屈の他に「①**エネルギーはある形態から別の形態へ変化することはありえても、新たにつくり出されることも消滅することもありえない**」、また、上記文中の一節「②**この原理が破れる例はいまだに見出されていない**」を、これぞとばかり「金科玉条」としています。これも「**エネルギ非保存の法則**」の例外に該当する本願発明の事象によって覆ります。なお、①は実在を証明できない錯誤と誤認の仮説であり、実在しない事象に理屈を付けること自体が間違っています。物理学界の大失態です。

2.4.7.「エネルギ非保存の法則」の例外

　本願発明の「トルク脈動レス発電機で発電した電力を発電機ユニット自体および外部に連続的に給電し続ける電力システム」は、消費されたエネルギが**何倍**も**何十倍**にもなって返ってくる自然現象を利用した発明です。

　実用機として設計したやや大型の「トルク脈動レス発電機」では、ＤＣモータに給電した電圧 DC12V の 19〜57 倍もの AC228V〜AC684V に達します。

　この現象は、トルク脈動レス発電機を駆動させるＤＣモータに給電した電力よりも大きい電力を発電するのですから「エネルギ**非保存の現象**」の**例外現象**です。

　ちなみに、「エネルギ**非保存の法則**」の例外には、①天体の運動、②天体の引力、③台風による風・降雨、④雷、⑤物質の質量、⑥潮汐、⑦**通電して磁化した鉄系金属の残留磁気（磁石）、⑧磁性体が近接するコイルを横切って通過するときの電磁誘導現象による発電、⑨蓄電池の充電放電**などがあり、これらのいずれも自然現象です。**本願発明は、上記の⑦、⑧および⑨を利用しています。**

　それに、上記の①天体の運動、②天体の引力は、エネルギの変換がないので「エネルギの変換論」では語れませんし、③台風による風・降雨および④雷などの自然現象は、ヒトの手に負えず、人の生活に役立てることができません。

　ところが、⑦通電して磁化した鉄系金属の残留磁気（磁石）、⑧磁性体が近接するコイル横切って通過するときの電磁誘導現象による発電、⑨蓄電池の充電放電などの自然現象は、ヒトが利用できて、人の生活に役立てることができるのです。

第3章　高出力トルク脈動レス発電機（Ⅰ）

3.1　起電コイルおよび磁石の位置の違いによる起電力

　前著作で紹介しました「C型テスト機」では、中空の円形起電コイルを木製の板に穿孔して埋め込み、その表と裏の両面側に各々4つの円形ネオジム磁石を等間隔に近接させて排列して埋め込んだ円板を回転させて発電させました。
　発生電圧は一個当たりAC17V、計算上の電圧はAC17V×4＝AC68Vですが、コイルの巻線数にバラツキがあったために実測値はコイル4個合計でAC70Vでした（写真3-1）。

コイルの仕様：サイズφ35/φ10 t=12、φ0.8mm×14.5m、重量66.9g/1個
起電コイル1個の起電力AC17Vは、ネオジム磁石の回転数7,900rpm時の電圧

写真3-1　C型テスト機の中空円形起電コイルの排列

　このC型テスト機を製作してテストする前に、A型テスト機およびB型テスト機を製作して試行錯誤の実験で起電コイルおよび磁石の位置の違いによって発生電圧に差があることを知りました（図3-1）。

① 磁石を起電コイルの導線に直交させて移動させると最大電圧になる
　　磁石を起電コイルの導線の反対側から移動させると電流は逆向きになる
② 磁石を起電コイルの導線に平行に移動させると電圧は発生しない
　　磁石を起電コイルの導線に斜めに移動させると電圧は0～0.7の範囲になる
③ 大小異なるサイズの磁石を交互に配置して回転させると電圧に差違が出る

第3章　高出力トルク脈動レス発電機(Ⅰ)

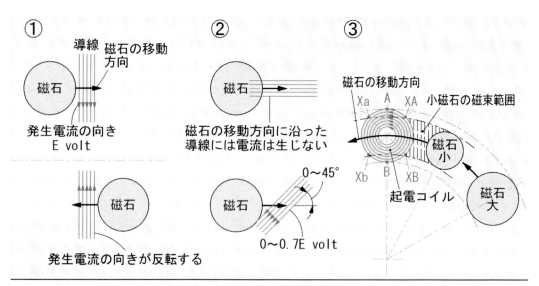

図3-1　起電コイルおよび磁石の位置の違いによって発生電圧に差が生じる

　上記図3-1の「導線」は図示の都合で線分ですが、発電機として実用に供するには角形コイル状になります。当初の目標、鉄心なし中空コイルを使用した「トルク脈動レス発電機」が実際に発電できるのかの確認を急ぐには、巻線作業が容易な「中空円形起電コイル形」にしました。

　実験を通じて図3-1の事項を知りましたので、大きな発生電力を得るには①強力な磁石を高速回転させる、②導線の巻数を増やす、③導線に直交させて磁石を通過させる条件を満たす必要がありますので「中空円形起電コイル形」では不十分です(図 3-2)。

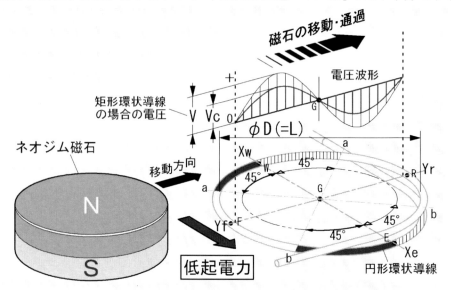

図3-2　円形起電コイルの発生電力は低い(矩形環状導線の約64%)

また、導線に直交させて磁石を通過させた場合、磁石の磁極(N極・S極)と発生電流の向きの関係も知っておく必要があります。

3.2 磁極を入れ替えると起電コイル内の電流の向きが反転

矩形環状導線の起電コイルは、「中空円形起電コイル形」に比べて発生電力が大きいことは実験を通じて分かりますが、同じ起電コイルを横切る磁石の磁極を入れ替えると電流の向きも入れ替わります(図3-3)。

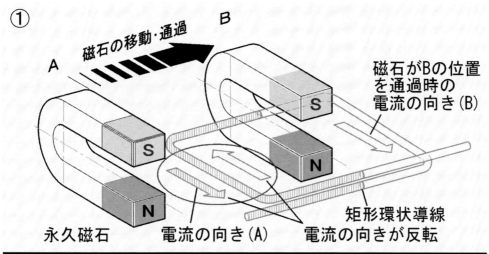

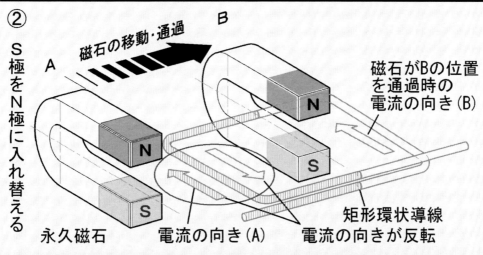

図3-3 導線を横切る磁石の磁極を入れ替えると電流の向きも反転する

3.3 起電コイル内の電流の向き

起電コイルを横切って通過する磁石が、起電コイルの「入口から中心部に位置」する時から「中心部を過ぎて出口までの位置」に達する間では、電流の向きは反転します。これは交流発電機による**交流発電の基本現象**です(図3-4)。

第3章　高出力トルク脈動レス発電機（Ⅰ）

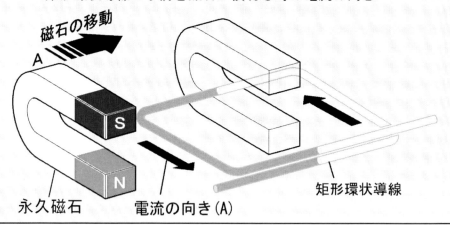

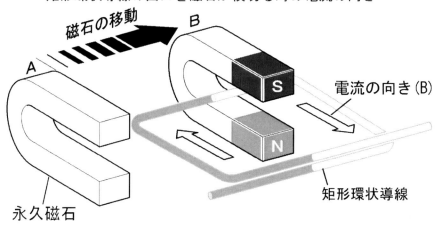

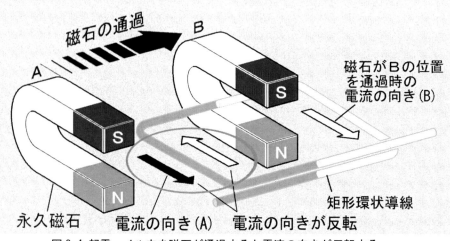

図 3-4　起電コイル内を磁石が通過すると電流の向きが反転する

第3章　高出力トルク脈動レス発電機（Ⅰ）

3.4　起電コイル両面で2倍出力の性能—ダブル電磁誘導—

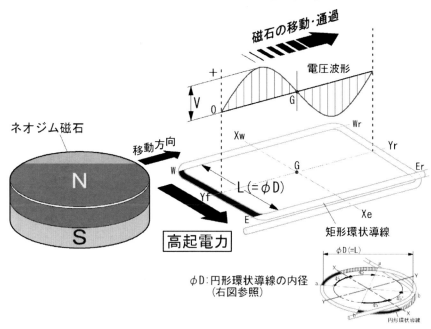

図3-5　磁石1個を起電コイルに直交通過させた場合の起電力

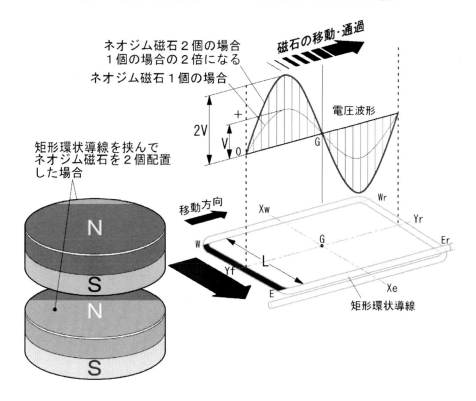

図3-6　磁石2個を起電コイル両面に直交通過させた場合の2倍の起電力

第3章　高出力トルク脈動レス発電機(Ⅰ)

　発電機の起電力は、磁石の強さに比例しますが、起電コイルを挟んで2個の磁石を配置して回転させると前出の「*図 3-3 導線を横切る磁石の磁極を入れ替えると電流の向きも反転する*」に示した理由で、S極側とN極側の電流の向きが一致・同調するために、磁石1個の場合に比して2倍の起電力になります(図 3-6)。

　このコイル両面で「**2倍出力のダフル電磁誘導**」現象は、Webのサイト(www3:kct.ne.jp)に紹介しておられた作者が「**両側の磁石貼付け円板を片側のみにすると出力が半分になる**」と記しています。鉄芯レス起電コイルを挟んで両面に永久磁石を配置した場合と片側のみの場合を試して偶々気付いたと思われます(図 3-7)。

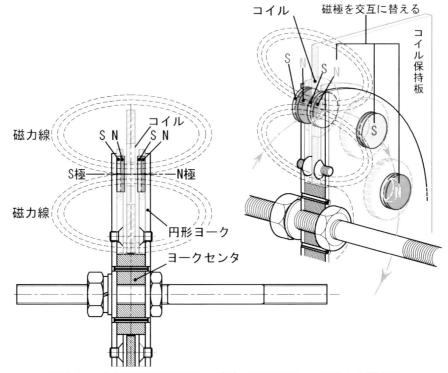

図 3-7 コイル両側の磁石排列とダブル電磁誘導による出力の模式図

　市販の従来のエンジン発電機の多くは、水平軸の円筒の周囲に磁石を貼り付けた電機子、その外周に「鉄芯あり起電コイル」を配した製品でした。このように回転円板に磁石を張り付けた形式を採用した例はありませんし、必然的に片側の磁石構造ですので「**2倍出力のダフル電磁誘導**」にはなりません。

　従来のエンジン発電機の構造に起因する必然性のために、発電機の専門メーカーながらこのような発想が生まれなかったと思われます。

　最近の製品では、ヤマハ発動機、ホンダ技研工業両者共々「**多極オルタネータ**」を採用し、「**発電機・エンジン共にコンパクト化・軽量化に成功しました**」とカタログに謳っています。ヤマハ発動機のカタログを見ますと、2.5cm×2.5cmの小さい画像ながら起電コイル部の側面図を載せていますので、起電コイルの形状が推定できます(図 3-8)。しかし、ホンダの発電機のカタログでは、四角枠の図だけですので中味がどのようなものなのか分かりません(図 3-9)。

第3章　高出力トルク脈動レス発電機（Ⅰ）

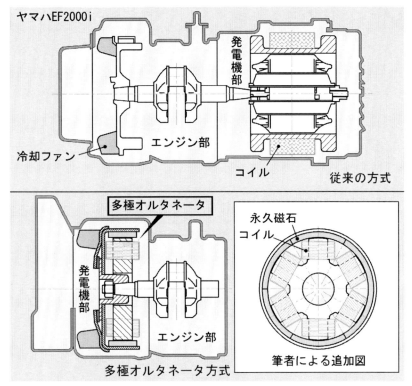

図3-8 ヤマハ発電機の旧・新モデルの比較図（紙版カタログから引用リメイク）

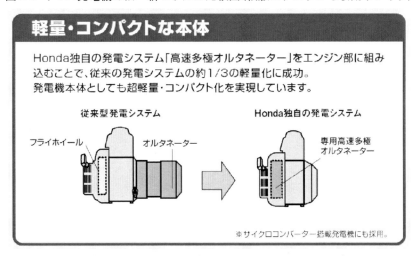

図3-9 ホンダ発電機の旧・新モデルの比較図（Webのカタログから引用）

　ヤマハ発電機の多極オルタネータは、星形の鉄心に6個のコイルを埋め込んだ形状と推測できますし、その外周を磁石列が回転します。ホンダ発電機も同様と思われます。ところが、両方共に旧態依然の「鉄芯あり起電コイル」を踏襲していますし、コイルは片側だけですし、「2倍出力のダブル電磁誘導」形式を採用するには至っておりません。

-67-

第3章　高出力トルク脈動レス発電機(Ⅰ)

3.5　両面貼付磁石と中空円形起電コイルの円周排列

中空円形起電コイル「C型テスト機」の磁石8個（4×2＝8）の回転軸方向の「N極・S極一対磁界ループ」、軟鉄円板ヨークユニットに同心円排列した「N極・S極一対磁界ループ」の模式図は、「N極・S極一対が磁石の原則」の自然現象に則って構成した発電機の基本です（図3-10）。

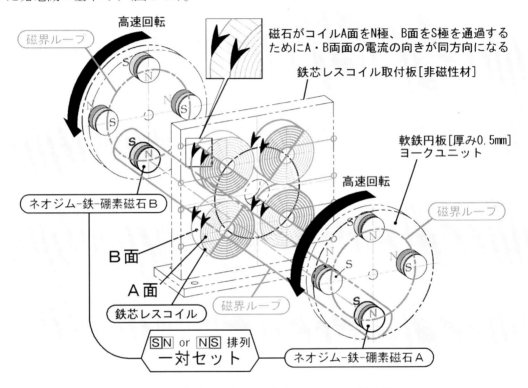

図3-10　「N極・S極一対が磁石の原則」の模式図

この磁石排列の「C型テスト機」は、中空円形起電コイル1個でAC17V、4個を直列に接続してAC70V/7,900rpmを発電する性能ですが、「何でもやってみよう」の好奇心に駆られ、回転軸方向の「N極・S極一対磁界ループ」はそのままにして、軟鉄円板ヨークユニットに埋込み排列するネオジム磁石の磁極をN・N・N・NあるいはS・S・S・Sの同一磁極連続に排列した場合の実験をしました。

偶々、軟鉄円板ヨークユニットの外径φ78に対してφ15のネオジム磁石の強力な反発力は厄介ながら、キツキツなスペースではないために問題なく収まりました。

この図3-9には構成部品の詳細を載せていませんが、ブラケット・軸受・カラー・ワッシャ・セットスクリュそれに配線などを取り外し、また再組立は難儀です。

軟鉄円板ヨークユニットのネオジム磁石の排列作業を終えてからテストした結果は、発電電圧が「**12.5%減**」でした（次ページの図3-11）。

「N極・S極一対が磁石の原則」の自然現象に則っていないことが原因です。また、電磁誘導には、「**磁力線の変化**」が必要であり、磁石のN極とS極が入れ替わって導線を横切る必要があります。従って、N極だけの連続通過、あるいはS極だけの連続通過では「磁力線の変化」が起きません。

第3章　高出力トルク脈動レス発電機(Ⅰ)

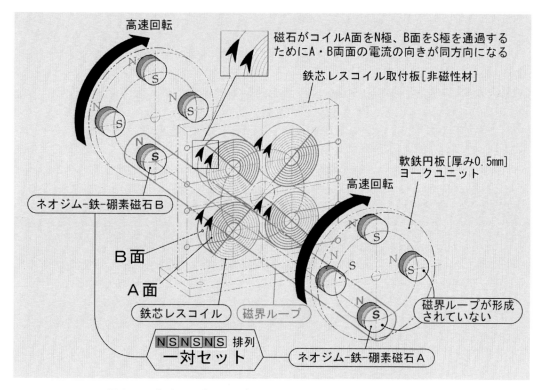

図3-11　「N極・S極一対が原則の磁石」排列を無視した模式図

　テスト機の部品には改造や部品追加などの手を加えず、軟鉄円板ヨークユニットのネオジム磁石の排列を変えただけなのに発生電圧が低下するのは何故か？
　「N極・S極一対が磁石の原則」および磁石が起電コイルの導線を横切る「**磁束の変化の有無**」に原因があるとみて磁石の基本形のU字形磁石に置き換えてみます(図 3-12)。

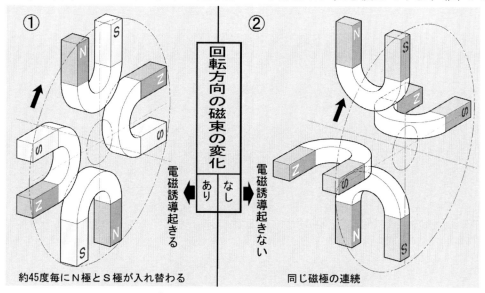

図3-12　「N極・S極一対が磁石の原則」の姿勢違い

-69-

第3章　高出力トルク脈動レス発電機(Ⅰ)

　回転する磁石が起電コイルを横切る時の磁束は、図3-12の①では回転角約45度毎にN極とS極が入れ替わりますので**「磁束が変化」**します。同図の②では磁石の**「N極・S極一対が磁石の原則」**でも姿勢が違っていて、同じ磁極の繰り返し通過になり、**「磁束の変化」**にはなりません。

　磁石とコイルの組合せで、磁石をコイルに差し入れ、逆に抜き出しすると、そのたびにコイルに電流が流れる現象を**「電流が誘導された」**と言い、これを**「電磁誘導」**と呼んでいますが、同じ磁極の繰り返し通過では**「不完全な電磁誘導」**になります。

　「何でもやってみよう」の好奇心は、疑問に思ったことを虱潰しに調べて片づけて解決する原動力でして、結果的に成果がなかったとしても、疑問を解消できたことが成果と思います。軟鉄円板ヨークユニットに埋込み排列するネオジム磁石の磁極をN・N・N・NまたはS・S・S・Sの同一磁極を連続に排列することは**「電磁誘導」**の欠落、つまり**「発電の条件」**を満たさないのです。

＊＊＊＊＊＊＊＊＊＊＊＊＊＊＊＊＊＊＊

　「N極・S極一対が磁石の原則」に関しては、これとは逆の磁石、**磁気単極子**(モノポール：monopole)を英国の物理学者パウル A.M. ディラック (Paul Adrien Maurice Dirac, 1902-1984) (写真3-2)が1931年に**「量子力学において磁気単極子を考えることができる」**と発言し、一躍注目されましたが、その年から85年を経た今も、彼の発言以前にもそのような現象存在の兆候はありません。

　「電磁誘導」によってコイルに電流が流れる**「発電の条件」**は、実証済みですが磁気単極子を**「電磁誘導」**に当てはめることは不可能です。彼が1933年にノーベル物理学賞を受賞している学者とは言え、**磁気単極子の発言は量子力学に偏った推測であり、「ディラックの悪夢」**(Dirac's nightmare)です。

写真3-2　パウル A.M. ディラック (Wikipediaより引用)

第3章　高出力トルク脈動レス発電機（I）

3.6　磁石と花弁形(Petaloid)高出力起電コイルの円周排列

前作「C型テスト機」の中空円形起電コイルのサイズは、外径φ35mm×内径φ10mm×厚さ12mmでφ15×10mmのネオジム磁石を使用して1個の起電力がAC17V/7,900rpmでした（図3-13）。この起電コイルの巻線を増やして2倍の厚さ24mmにすると起電力も2倍のAC34Vになります。しかし、7,900rpmは高速回転数ですので振動や騒音が半端でなく、できることなら低速回転で起電力を得たいものです。

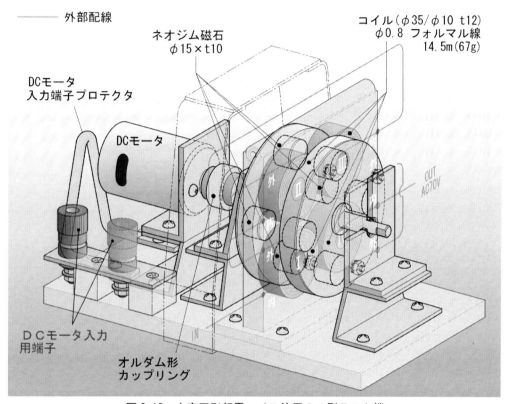

図3-13　中空円形起電コイル使用のC型テスト機

そこで、回転するネオジム磁石の外径を大きくし、通過するコイルの形を花弁形にして起電コイルが通過する部分を直線にすると更に高い起電力になります（図3-14）。

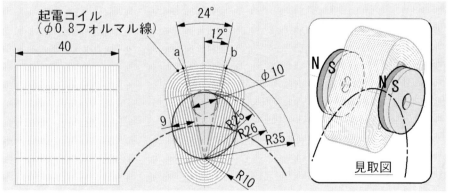

図3-14 高出力の花弁形起電コイル(Petaloid Coil)のサイズ

-71-

第3章　高出力トルク脈動レス発電機（Ⅰ）

【花弁形高出力起電コイル】

　この花弁形（Petaloid）高出力起電コイルにした場合、計算上「C型テスト機」の起電コイル1個当たりの発生電圧 AC17V/7,900rpm に対して、それの3.35倍の高出力起電力 AC57V になります（図3-15、図3-16、図3-17）。しかし、太さφ0.8mm の※フォルマル線をそのままに設定して計算しましたので、これではコイルが焼き切れてしまいます。回転数を3,000rpm 程度に落として電圧を下げる必要があります。

　※ 起電コイルの導線を一般にマグネットワイヤと言いますが、それを大別した内の一つをエナメル線またはフォルマル線と呼びます。本書ではフォルマル線としています。

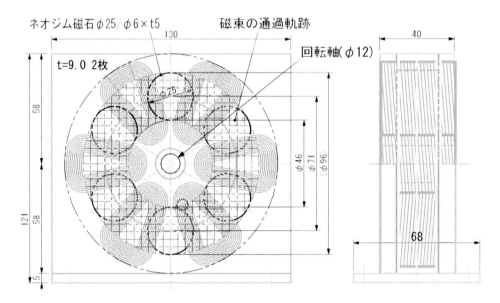

図3-15　花弁形高出力起電コイル6個排列の寸法図

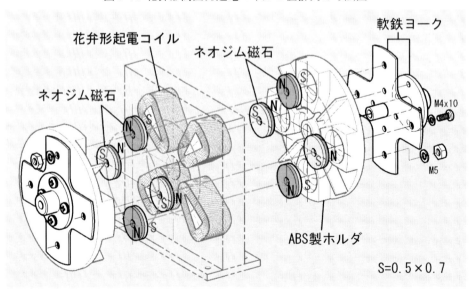

図3-16　花弁形高出力起電コイルを使用したトルク脈動レス発電機主要部のアイデア図

第3章　高出力トルク脈動レス発電機（Ⅰ）

　フォルマル線の太さをどの程度にするか、次章で扱うホンダエンジン発電機 EM-400J の仕様を参考にしました。このホンダエンジン発電機の DC12V バッテリ充電用の出力は、50cc ガソリンエンジンの最高出力 2.5～2.9kw（3.4～4.0 PS）を使用して、直流 8.3A の電流を得るために発電機固定子の巻線にφ1.0mm を使用しています。それを考慮しますと、花弁形高出力起電コイルには太さφ1.0mm のフォルマル線を使用するのが妥当になります。なお、ホンダの発電機と言っても澤藤電機㈱に丸投げの製品です。

　φ1.0mm のフォルマル線を使用した場合、既存の「Ｃ型テスト機」の測定データを利用できませんので、新規にテスト機を製作しなければなりません。

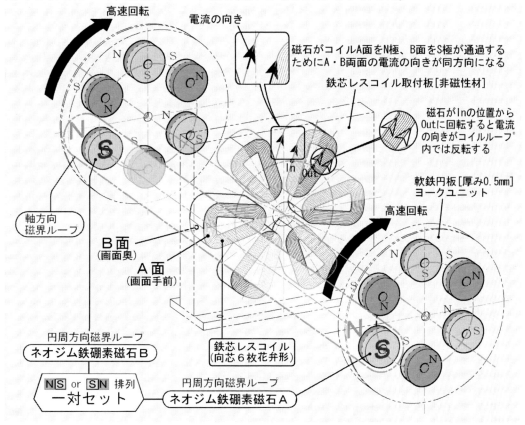

図 3-17　花弁形高出力起電コイル排列の模式図

　それに実用化を想定して新規製作する場合、発電機駆動用ＤＣモータは、ホンダエンジン発電機 EM-400J の出力に相当する「DC12V バッテリの電源で稼働するＤＣモータ」を使用することになります。つまり、充電時に消費する電流 DC8.3A の負荷が発電機に掛かっても回転数が落ちずに発電し続けることができるＤＣモータです。

3.7　高速回転と振動

　前に製作しました「Ｃ型テスト機」は、マブチ製小型ＤＣモータ RS-540SH で駆動させましたが、「鉄芯なし起電コイル」が故に強力なネオジム磁石による両者の吸着が無く、ネオジム磁石を埋め込んだ回転体の偶力が小さいために「7,900rpm」の高速回転になり、その激しい振動で「Ｃ型テスト機」がテストテーブルの机上を走り回る凄まじさでした。

第3章　高出力トルク脈動レス発電機（Ⅰ）

　幾度かのテスト時には、振動と強烈な遠心力で回転体のネオジム磁石が飛び散る事故が発生し、激しい振動と事故の可能性を考えると「**テストするのが恐ろしい**」とさえ感じるほどでした。加工精度の原因による振動そのものを除去できませんが、振動アブソーバを製作することでテスト機の「テストテーブル机上の走り回り」を無くすことはできます。「**全方位独立懸架サスペンション**」と名付けました（写真 3-3）。

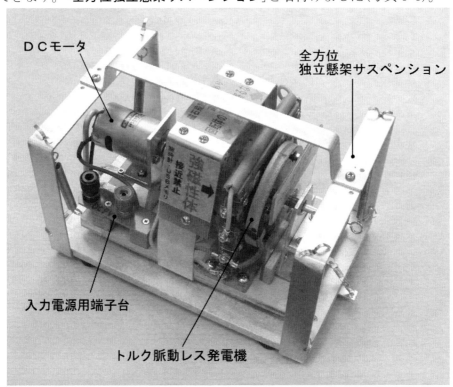

写真 3-3　C型テスト機を載せた全方位独立懸架サスペンション

　「**C型テスト機**」の負荷で「**7,900rpm**」の高速回転するマブチ製小型DCモータ RS-540SH の無負荷回転数が 15,800rpm、適正負荷時の回転数が 14,400rpm/6.1A と性能表に記載されていますので「小出力ながら元々高速回転」の性能です。

　しかし、発電電力の出力側に負荷をかけますと、顕著に回転数が低下するのは、「**小出力DCモータ**」故のことであり、入力電源の電力の所為ではありません。

　つまり、「**小出力DCモータ**」でも「**トルク脈動レス発電機**」を回転させて発電させるテストに成功させたことができました。しかし、実際に出力側に負荷を掛けると「力不足」なのです。

　しかも、実用機で約 8,000～10,000rpm の高速回転は、機械装置として振動・騒音・軸受の寿命などの観点から歓迎されない条件です。せめて一般の誘導電動機の例にみられる約 3,000～5,000rpm 程度の回転数で充分なトルクを確保することができ、起電コイルの巻数を増やし、無理のないネオジム磁石との組合せにしたいものです。

　この仕様に匹敵するDCモータを Web で検索してもマッチするものはなく、ようやく澤村電気工業㈱[神奈川県横浜市都筑区江戸町181番地]製の製品を知りました。

　澤村電気工業㈱が1988年に開発・製造した高性能機のモデルSS60E6です。トルク

-74-

第3章　高出力トルク脈動レス発電機(Ⅰ)

0.98N・m(10kgf・cm)、出力250W、電源DC12V、電流2.4～30A、回転数2,500rpm、サイズがフランジ□100mm、胴径φ90mm×全長179mm、出力軸φ12mm、重量4kgです(図3-18)。

トルク0.98N・m(10kgf・cm)は、「**C型テスト機**」に使用したマブチのRS-540SHの適正トルク0.2kgf・cmの**50倍**になります。ＤＣモータ単体のサイズだけでも「**C型テスト機**」の全長に相当する大きさであり、重量も約4倍の4.0kgになります。

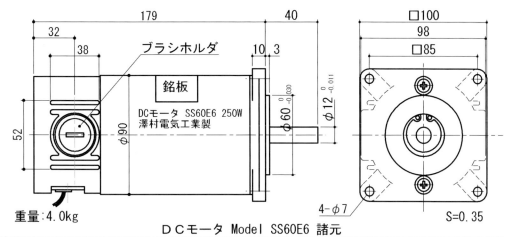

ＤＣモータ Model SS60E6 諸元

連続定格 Continuous rating				無負荷 No-load		電機子抵抗 Armature R. Ω	電機子慣性モーメント(GD²) R. Inertia kgf・cm²	機械的時定数 (tm) ms	逆起電力定数 (Ke) V/krpm	トルク定数 (Kt) N・m/A	ブラシ長さ Brush L mm
電圧 Voltage DC-V	電流 Current A	回転数 Speed rpm	トルク Torque N・m(kgf・cm)	電流 Current A	回転数 Speed rpm						
12	30	2500	0.98(10)	2.4	3000	0.06	4(16)	18	4	0.038	16 限度長さ 10
24	15	2500	0.98(10)	1.2	3000	0.21	4(16)	18	8	0.076	
100	3.4	2500	0.98(10)	0.3	3000	3.4	4(16)	18	33.3	0.32	

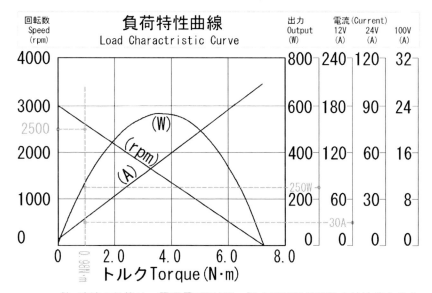

註:破線の数値は、電源電圧DC12V、型式SS60E6(250W)の特性値を示す

図3-18　澤村電気工業㈱製ＤＣモータ SSE6(250W)のサイズ・諸元および負荷特性曲線図

第3章　高出力トルク脈動レス発電機（Ⅰ）

3.8 本格的な実用ＸＰＰ型機とＤＩＹ仕様の簡易ＸＹＺ型テスト機の製作

　市販の最小出力のエンジン発電機を駆動させる排気量 50cc のガソリン エンジンは、筆者が 1981 年に購入した時のホンダ製の取扱説明書を遺失してしまったために、その当時の仕様が分からず、ごく最近の二輪車「**スーパカブ 50**」に搭載されている電子制御燃料噴射装置による燃料供給形式の高性能エンジンの仕様表によりますとトルク 39kgf・cm と記載されています。

　その時から 35 年を経た 2016 年の今日、この性能は格段に進歩しているに違いなく、最近市販されている上海コスマ電気製/上海 ATIMA 販売の製品 Model SD1000i 53.5cc 出力 1.2kw(1.63PS)/5,500rpm(900VA, Max 出力 1.05kw との記載もあり)の約 3 倍の勘定になります。

　つまり、排気量 50cc ガソリン エンジン発電機の標準的な性能の上海コスマ電気製エンジン発電機ではトルク約 12.5kgf・cm ですから、1988 年に開発・製造された澤村電気工業製 250W のＤＣモータ SS60E6 のトルク 10kgf・cm に比べてやや上回りますが、ほぼ同等と考えて良いと思います。

　この他に**ヤマハ発動機製電動船外機**、1988 年に製品化された初代モデル M-15[XGW]、減速比 1:1[直結]の 12V-40Ah バッテリで駆動させる 4 極 250W 出力の直流モータ、1995 年に発売された 12V-40Ah バッテリを 2 個直列接続した DC24V で駆動させる高出力タイプ 4 極 500W 出力製品 M-25[XGX] の直流モータ仕様を参考にしました。このモデルは、基本的には初代モデル M-15 をベースにしています。

　これらを併せて検討し、実用を想定した出力 900VA 以上のテスト機「トルク脈動レス発電機」を設計しました。

本格的実用機仕様の部品表

A　製作部品

番号	部 品 名 称	個数	材質・メーカー	型式 または サイズ
1	モータ取付フレーム	1	ジュラルミン鋳物	
2	回転軸(φ12×170)	1	ロッド SCM435(ミスミ)	RD435S-D12-L170
3	ケーシング	1	ジュラルミン鋳物	
4	据付フレーム	2	アルミ	
5	モータ側軸受ホルダ	1	アルミ	
6	後部軸受ホルダ	1	アルミ	
7	軟鉄ヨーク芯	2	SS400	加工後黒染め処理
8	コイル保持盤	1	ABS樹脂またはアルミ鋳物	
9	花弁形起電コイル	6	φ1.0フォルマル線	巻線業者に製作依頼
10	磁石排列円盤	2	PEEK PLATE	
11	磁石底円座	12	内径選択スチールパイプ(ミスミ)	PISS20-5-50　 をt4に追加工
12	ヨーク円板	2	SPCC orビデオデッキ大板※	t0.5 PCCは加工後黒染処理
13	カラー A t-5	1	内径選択スチールパイプ(ミスミ)	PISK16-12-30 をt-5に追加工
14	カラー B t-10	2	内径選択スチールパイプ(ミスミ)	PISK16-12-10
15	カラー C t-15	1	内径選択スチールパイプ(ミスミ)	PISK20-12-15
16	冷却ファン	1	ジュラルミン鋳物	
17	ベース板	1	SS400	プレス加工、黒色焼き付け塗装

※ 番号12 の軟鉄ヨーク円板は、ビデオデッキのジャンク部品を利用

図表 3-1 量産実用ＸＰＰ型機(出力 1kVA)の部品表

第3章 高出力トルク脈動レス発電機(Ⅰ)

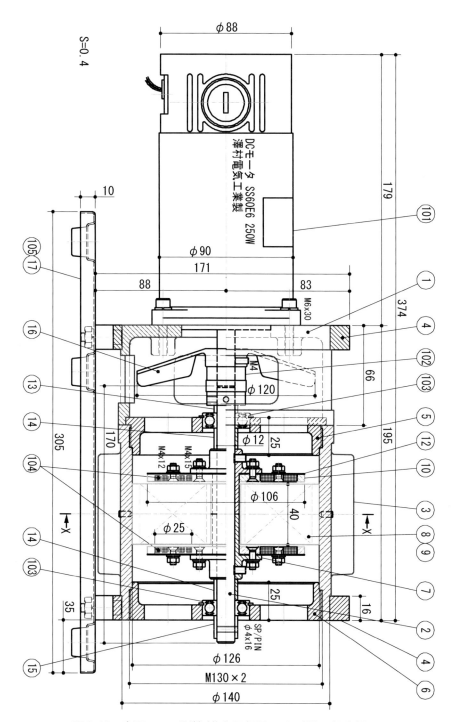

図 3-19 実用ＸＰＰ型機（花弁形起電コイル型）の組立側面図

　実用ＸＰＰ型機では起電コイル6極の内の一部で DC12V-40Ah 以上のバッテリを充電でき、残りの5極から家電器の幾つかを使用できる性能、連続稼働させるためのコイル冷却機能、メンテナンスのし易さ、騒音対策（回転数を下げる）、製品寿命および

第3章　高出力トルク脈動レス発電機（Ⅰ）

製品の外観を考慮しました（図 3-19, 図 3-20）。

　実用機の製作以前にテスト機を製作して性能を確認しなければなりませんが、「**図表 3-1 量産実用機（出力 1kVA）の部品表**」中の**黒太字**で記した部品は、ＤＩＹ製作の範疇を超えますので、別途に「**ＤＩＹ仕様ＸＹＺ型テスト機**」の図面も作成しました。

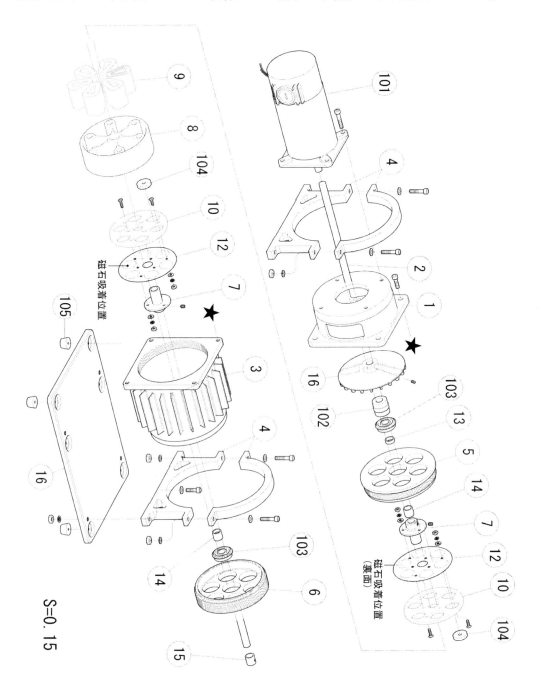

図 3-20　花弁形起電コイル実用ＸＰＰ型機の分解図

第3章　高出力トルク脈動レス発電機（Ⅰ）

「ＤＩＹ仕様のＸＹＺ型テスト機」の場合、ＤＣモータを取付ける t=12 のアルミ製Ｌ型アングルへのφ60 の穴加工、軸受取付用アルミ製Ｌ型アングルへのφ32 のフライス穴加工および軟鉄ヨーク芯の旋盤加工は、機械加工業者に依頼しなければなりませんし、主要部品のＤＣモータはミスミの通販で 47,375 円(税別)と金額が嵩みます。

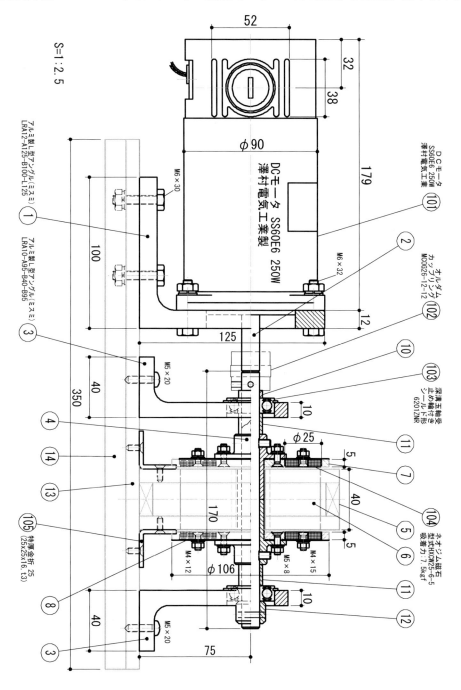

図3-21　花弁形起電コイルＤＩＹ仕様ＸＹＺ型テスト機の組立側面図

-79-

第3章　高出力トルク脈動レス発電機(Ⅰ)

ＤＩＹ仕様ＸＹＺ型機の部品表

A　製作部品

番号	部品名称	個数	材質・メーカー	型式　または　サイズ
1	モータ取付アングル	1	アルミ製L型アングル(ミスミ)	LRA12-A125-B100-L125
2	回転軸(φ12×170)	1	シャフト(ミスミ)	SSFJ12-170
3	軸受保持アングル	2	アルミ製L型アングル(ミスミ)	LRA10-A95-B40-L95
4	軟鉄ヨーク芯	2	SS400+内径選択スチールパイプ(ミスミ)	PISS20-12-150を追加工して圧入
5	コイル保持ブロック	1	ベニヤ板	DIY-ALT-0005-A
6	花弁形起電コイル	4	フォルマル線　φ1.0	巻線業者に製作依頼
7	磁石排列円板	2	PEEK PLATE	t=5
8	軟鉄ヨーク円板	2	SPCC or ビデオデッキ天板※	t0.5 PCCは加工後黒染処理
10	カラー A	1	内径選択スチールパイプ(ミスミ)	PISK16-12-30 をt=5に追加工
11	カラー B	2	内径選択スチールパイプ(ミスミ)	PISK16-12-14
12	カラー C	1	内径選択スチールパイプ(ミスミ)	PISK20-12-15
13	ベース板	1	シナベニヤ板	t9×140×350
14	ベース板補強角棒	2	桧角棒	□14×350

※ 番号8 の軟鉄ヨーク円板は、ビデオデッキのジャンク部品を利用

B　購入部品

番号	部品名称	個数	材質・メーカー	型式　または　サイズ	
101	DCモータ DC12V 250W	1	澤村電気工業㈱	SS60E6	
102	オルダム カップリング	1	ミスミ	MCOG26-12-12	
103	深溝玉軸受 止め輪付きシールド形	2	市販品	6201ZNR	
104	ネオジム磁石 リングタイプ	4	ミスミ	HXCW25-6-5	
105	特厚金折	4	市販品	25x25x16, t3	
	六角ボルトM6x32	4	市販品	FW, SW, Nut付き	モータ取付用
	六角ボルトM5x20	4	市販品	FW, SW, Nut付き	アングル取付用
	皿小ねじM4x15	8	市販品	FW, SW, Nut付き	ヨーク芯用
	皿小ねじM4x12	8	市販品	FW, SW, Nut付き	ヨーク円板用
	トラスタッピンねじM5x20	4	市販品		アングル取付用
	皿タッピンねじM4x12	8	市販品		金折取付用
	六角穴付き止めねじM5x8	4	市販品		ヨーク芯用
	スプリングピンφ4x20	1	市販品		カラーC用

図表 3-2 花弁形起電コイル仕様ＸＹＺ型テスト機の部品表

　「ＤＩＹ仕様のＸＹＺ型テスト機」部品の「5 コイル保持ブロック」、「7 磁石排列円盤」、「13 ベース板および 14 ベース板補強角棒」は、ベニヤ板と桧角棒を使用しますが、各部品を配置して組立する場合、タッピンねじの下穴を「四つ目錐」で穿孔し、仮組みしてＤＣモータと発電機がスムースに回転することを確認してから低粘度の瞬間接着剤を含浸させて「分解・再組立」時にタッピンねじが緩まないようにします。

　ベニヤ板の穿孔・切断の加工は、ドリル刃や鋸の刃で剥がれる場合が多いので、適宜低粘度の瞬間接着剤を含浸させて角部、縁部、端部が崩れたり、欠けたりしないようにします。ベニヤ板自体は、木目が粗い南洋材であり、その成形接着が完璧な圧着ではないからです。

第3章　高出力トルク脈動レス発電機（Ⅰ）

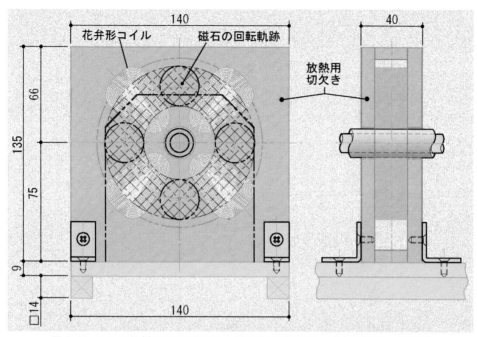

図3-22　ＤＩＹ仕様ＸＹＺ型テスト機の花弁形起電コイル正面図・側面図

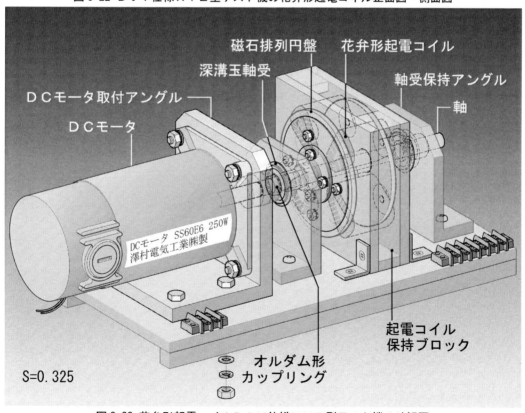

図3-23　花弁形起電コイルＤＩＹ仕様ＸＹＺ型テスト機の外観図

第３章　高出力トルク脈動レス発電機（Ⅰ）

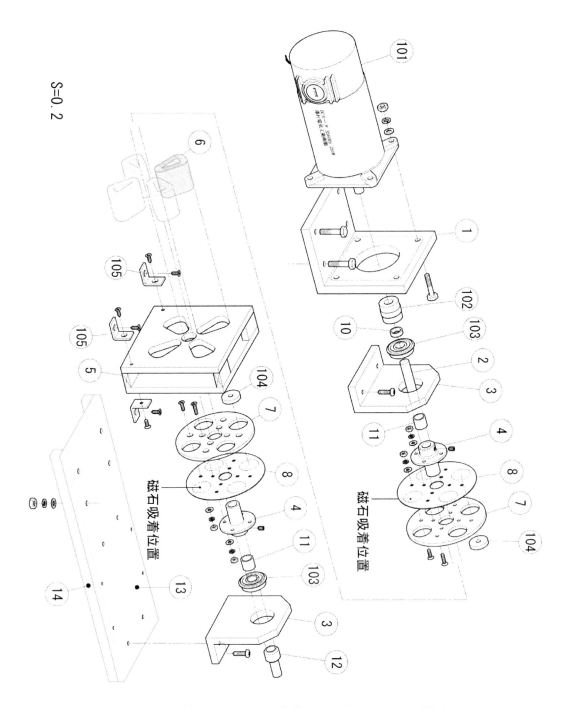

図3-24 花弁形起電コイルＤＩＹ仕様ＸＹＺ型テスト機の分解図

3.9 部品の製作図面
　以下にテスト機および実用機の構成部品の図面を載せます。フォーマットは、そのままコピーして機械加工技術者に提示できる図面様式にしてあります。

第3章　高出力トルク脈動レス発電機（Ⅰ）

【ＤＩＹ仕様ＸＹＺ型テスト機用の図面】

　前出の「図 3-19　実用テスト機の分解図」の構成部品の中には量産を前提にしたジュラルミン鋳物、プレス加工の部品があり、素人の手に負えませんので、以下のＤＩＹ仕様機の製作図面を作成しました。性能を確認するための入門機です。

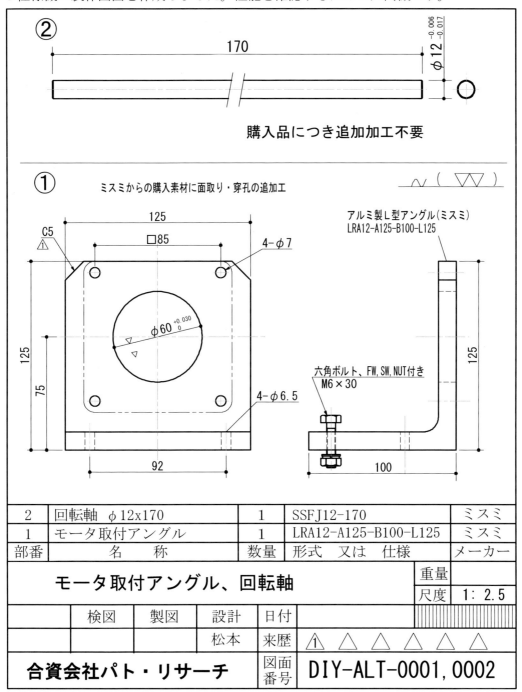

第3章　高出力トルク脈動レス発電機(Ⅰ)

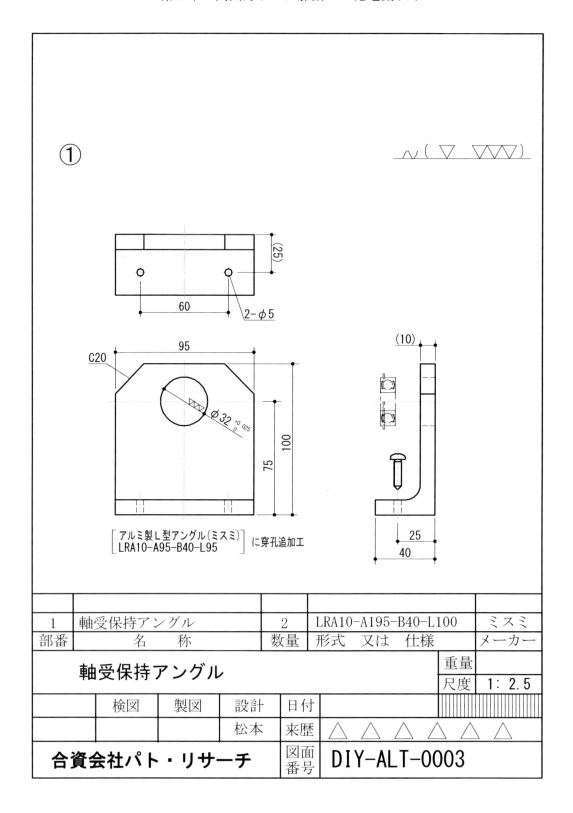

第3章 高出力トルク脈動レス発電機(Ⅰ)

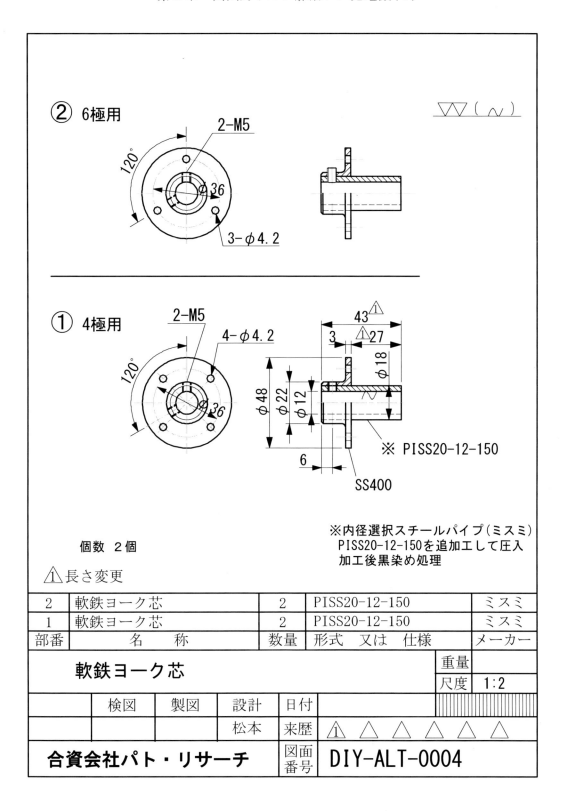

第3章　高出力トルク脈動レス発電機(Ⅰ)

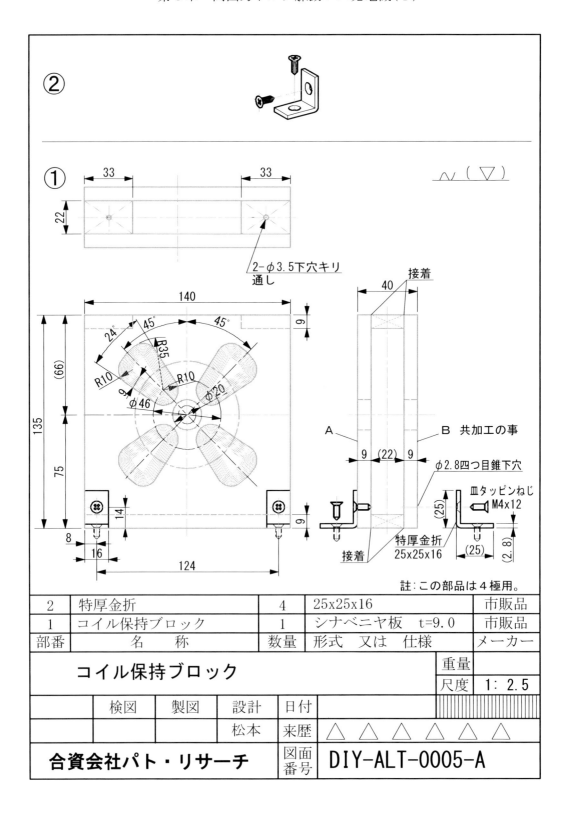

第3章　高出力トルク脈動レス発電機(Ⅰ)

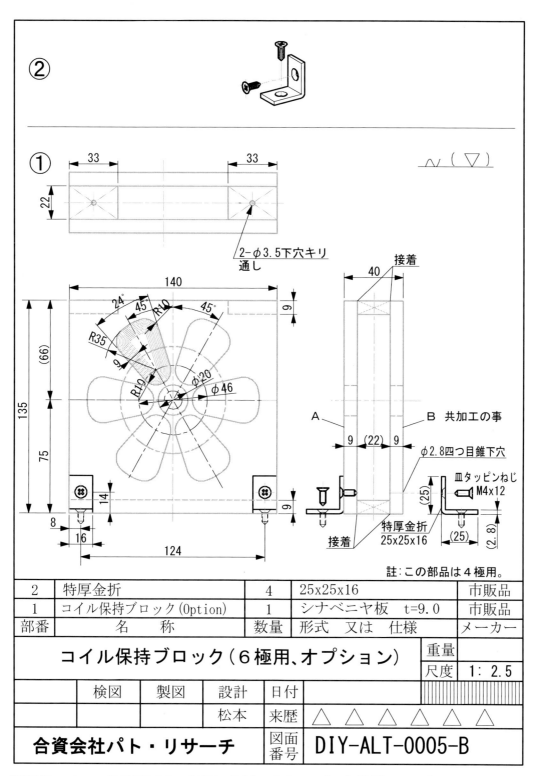

※起電コイルの発電電圧は、個数に比例しますので「6個仕様」はオプションです。

第3章 高出力トルク脈動レス発電機(Ⅰ)

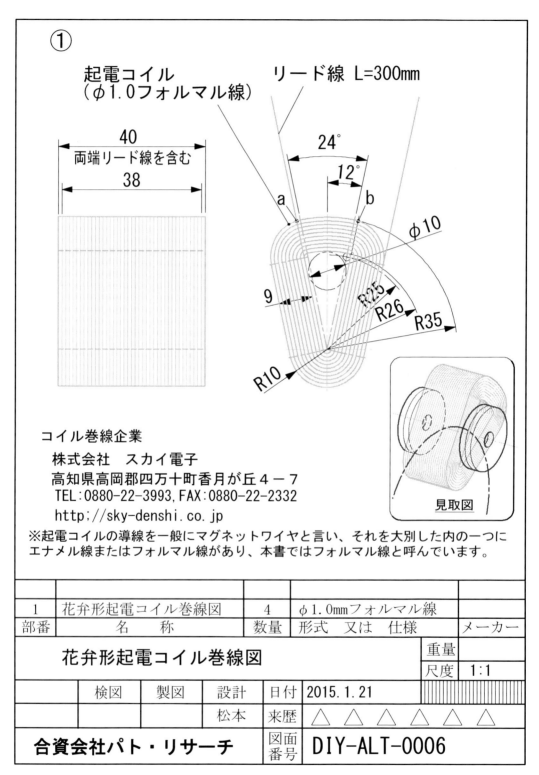

※テスト機では起電コイル1個でもOKです。出力は個数に比例するからです。

第3章　高出力トルク脈動レス発電機(Ⅰ)

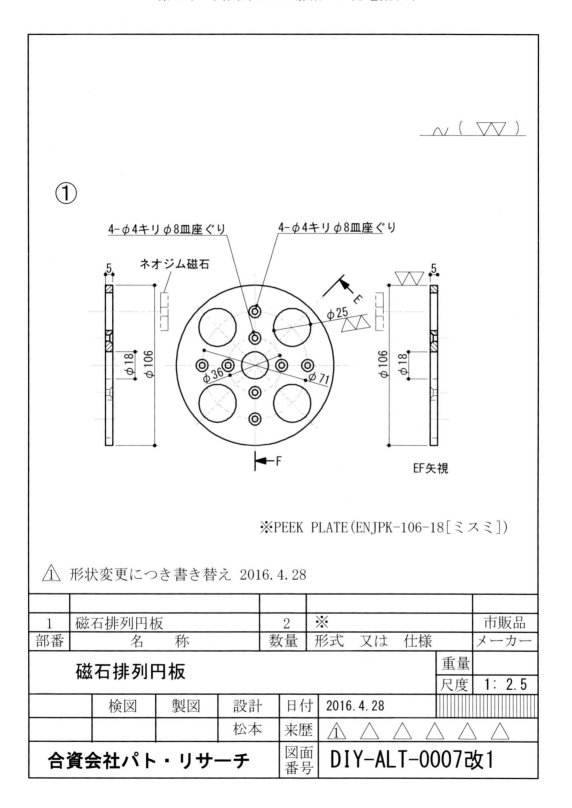

第3章 高出力トルク脈動レス発電機(Ⅰ)

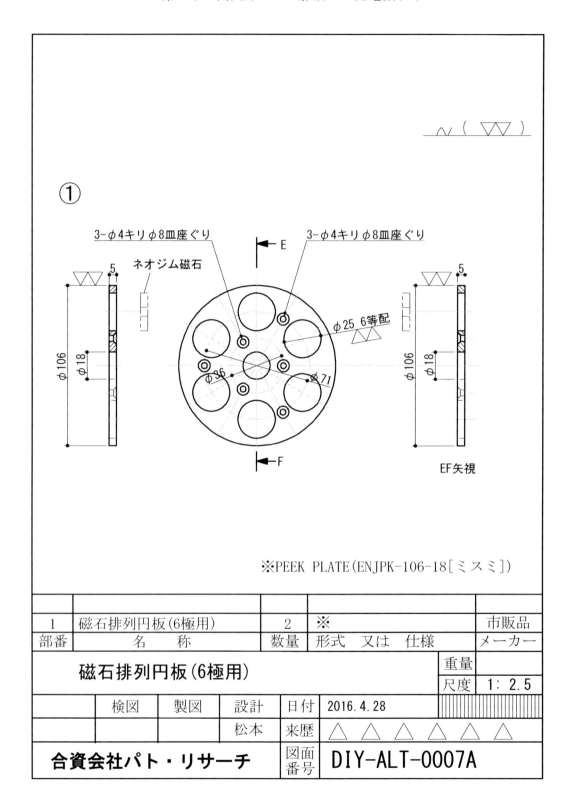

第3章　高出力トルク脈動レス発電機（Ⅰ）

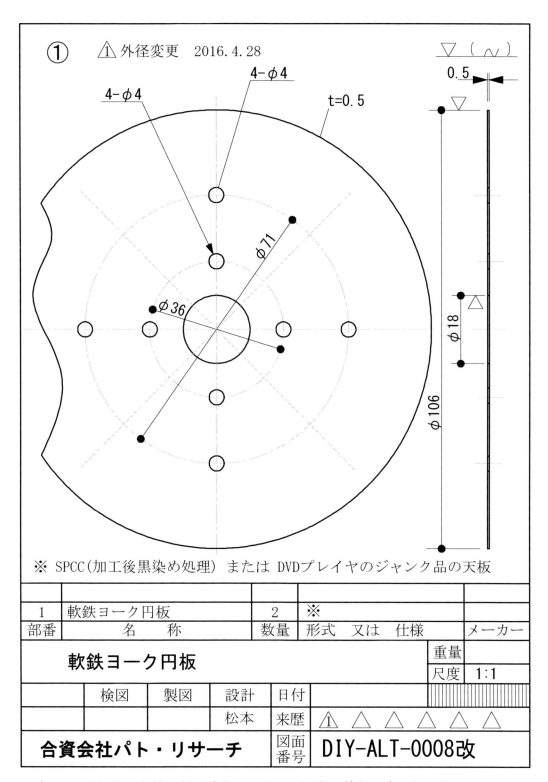

第3章　高出力トルク脈動レス発電機（Ⅰ）

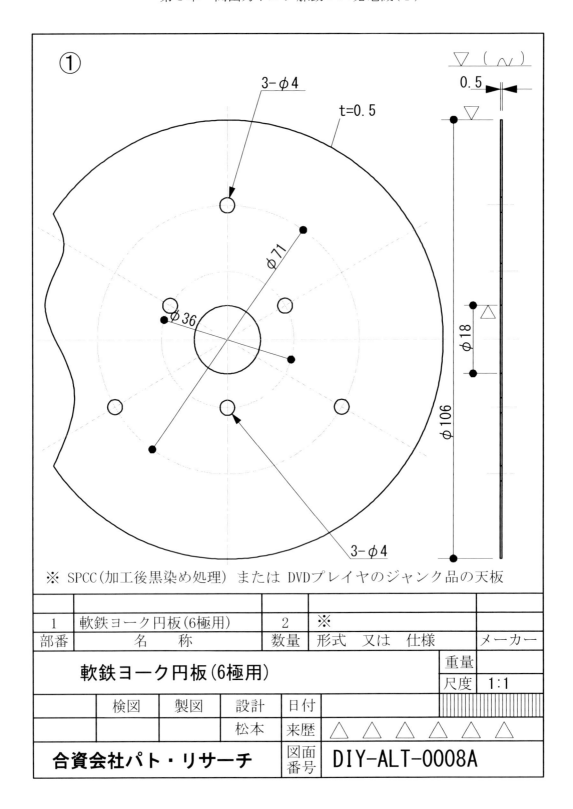

-92-

第3章　高出力トルク脈動レス発電機(Ⅰ)

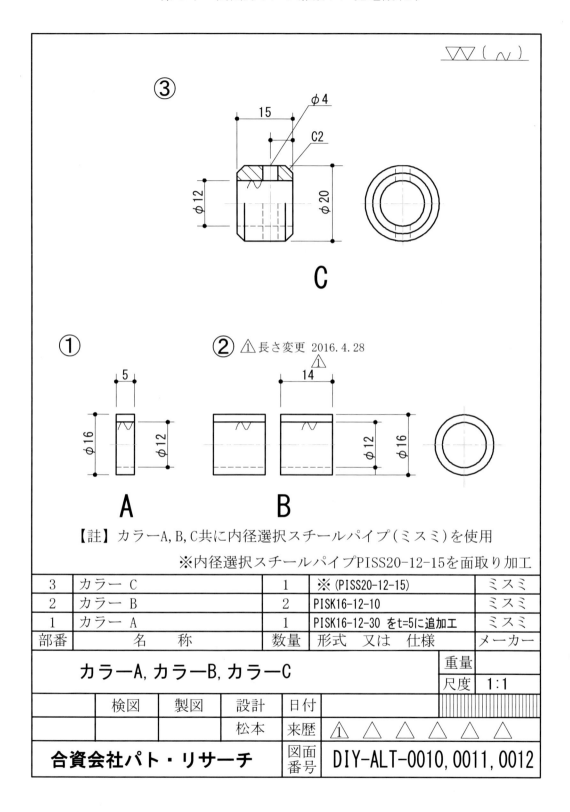

第3章　高出力トルク脈動レス発電機(I)

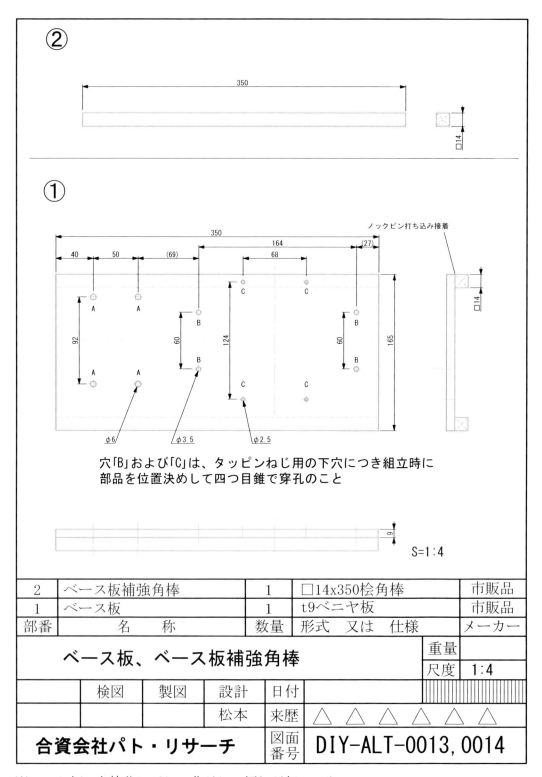

※ベニヤ板、角棒共に反り・曲がり、捻れが無いこと。

第3章　高出力トルク脈動レス発電機（Ⅰ）

【花弁形起電コイル実用ＸＰＰ型機用の図面】

以下の図面は、量産・販売を前提にした実用機の製作図面です。

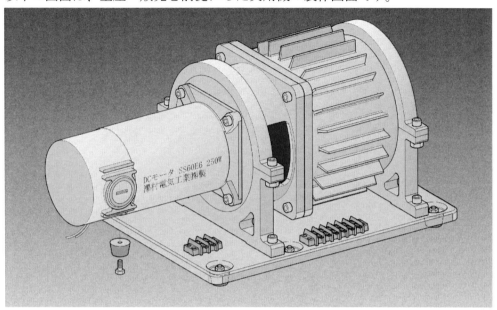

図 3-25 実用ＸＰＰ型機の外観イラスト

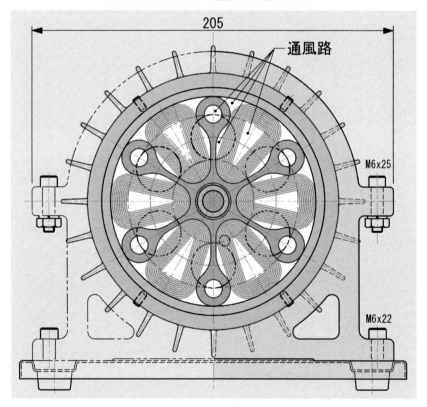

図 3-26 起電コイルおよび通電による発熱を空冷するコイル保持盤

第3章　高出力トルク脈動レス発電機(Ⅰ)

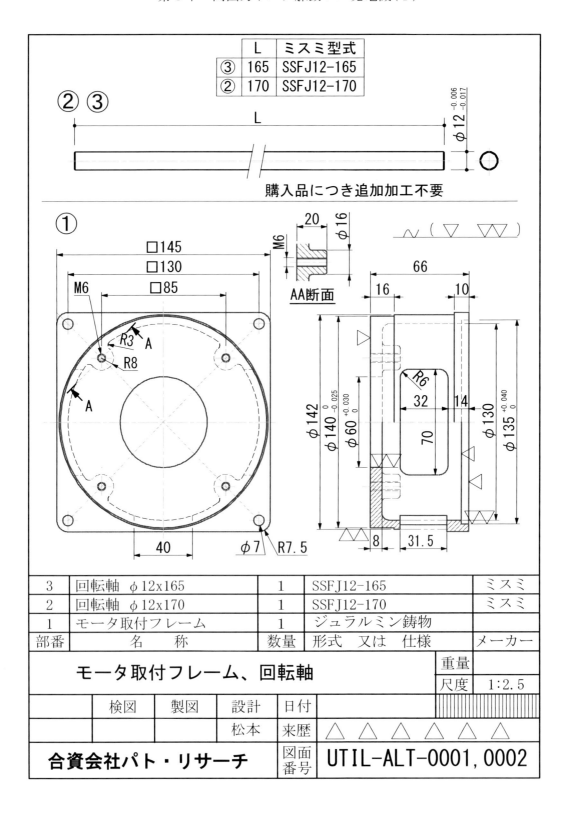

第3章　高出力トルク脈動レス発電機(Ⅰ)

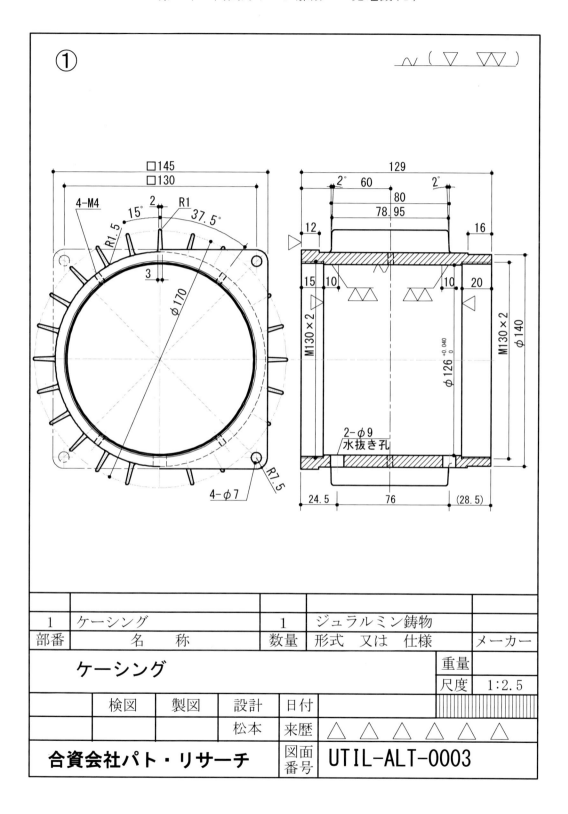

第3章　高出力トルク脈動レス発電機（Ⅰ）

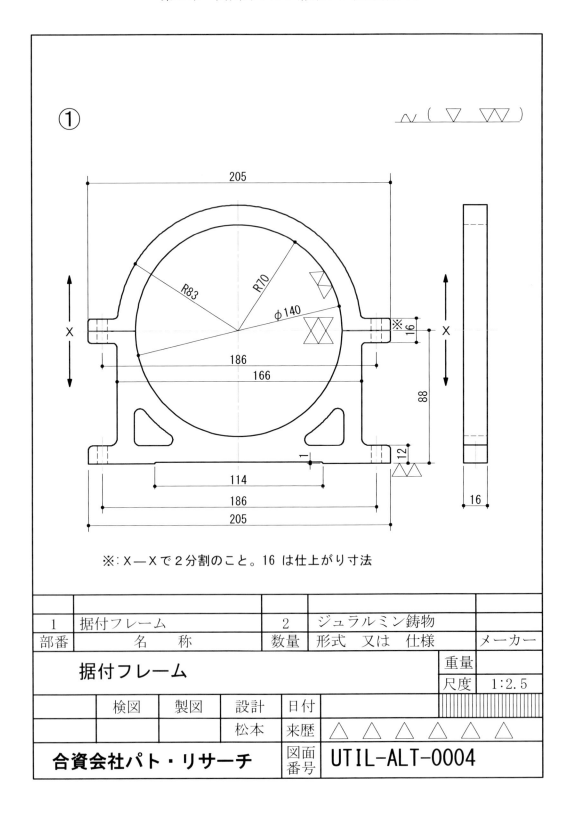

第3章　高出力トルク脈動レス発電機(Ⅰ)

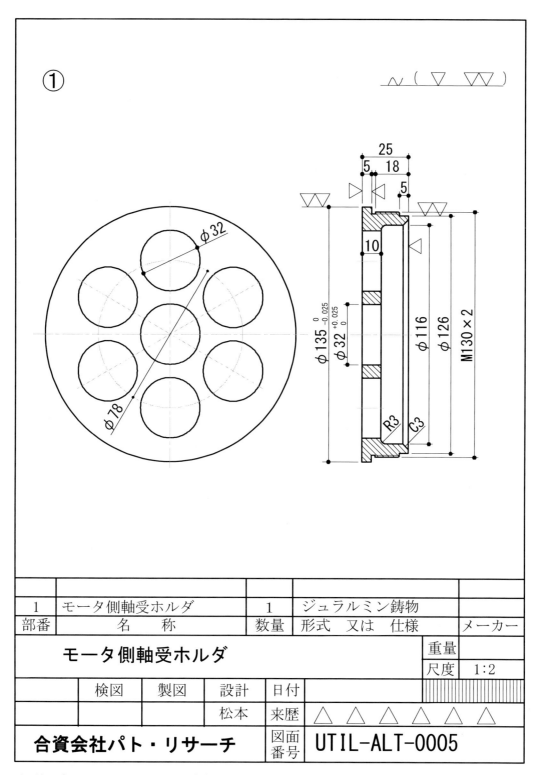

註:外周部の6-φ32の穴は、冷却ファンの通風口

第3章　高出力トルク脈動レス発電機(Ⅰ)

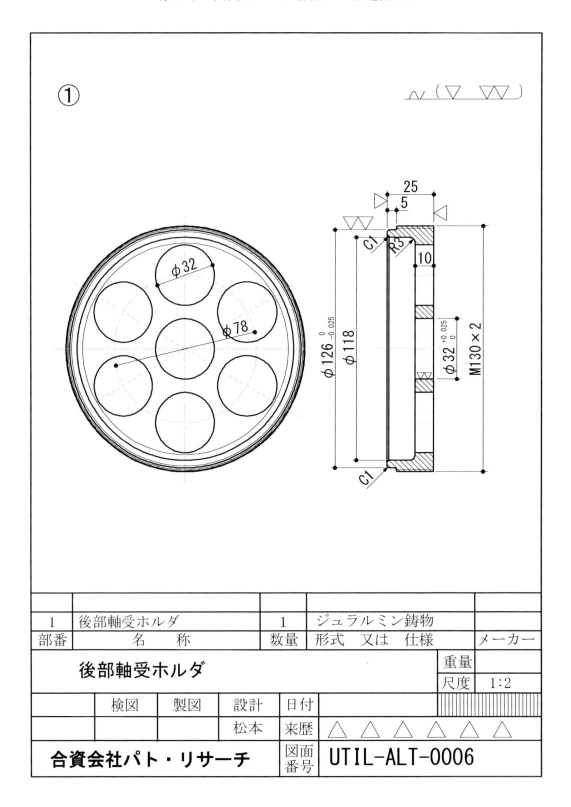

第3章 高出力トルク脈動レス発電機（Ⅰ）

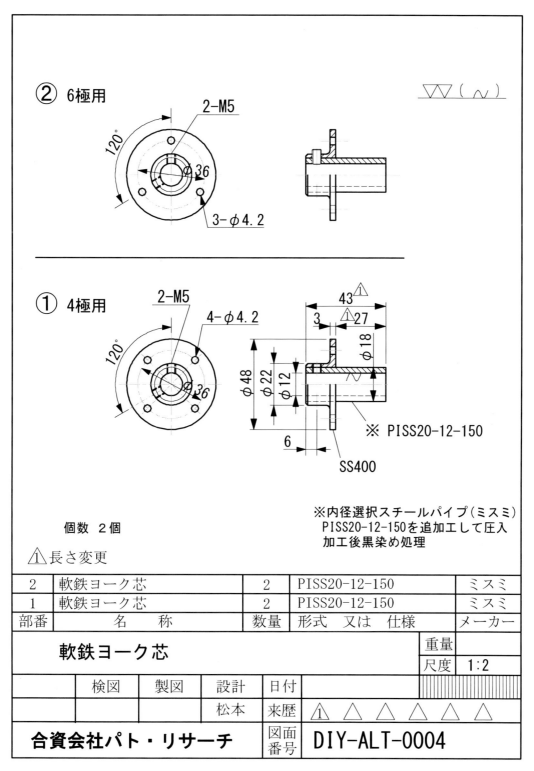

註：外周部の6-φ32の穴は、冷却ファンの通風口

-101-

第3章　高出力トルク脈動レス発電機(Ⅰ)

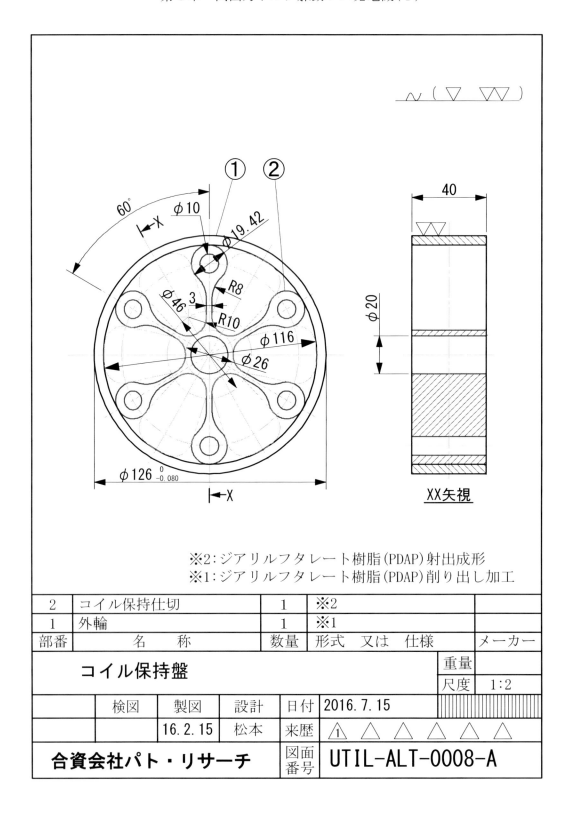

-102-

第3章　高出力トルク脈動レス発電機(Ⅰ)

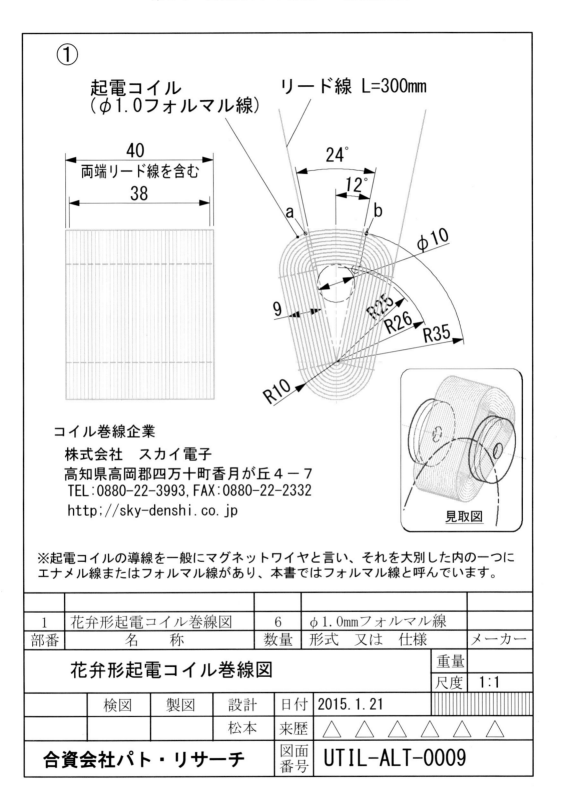

1	花弁形起電コイル巻線図	6	φ1.0mmフォルマル線	
部番	名　称	数量	形式　又は　仕様	メーカー

花弁形起電コイル巻線図

尺度 1:1

日付 2015.1.21
設計 松本

合資会社パト・リサーチ　図面番号 UTIL-ALT-0009

-103-

第3章　高出力トルク脈動レス発電機(Ⅰ)

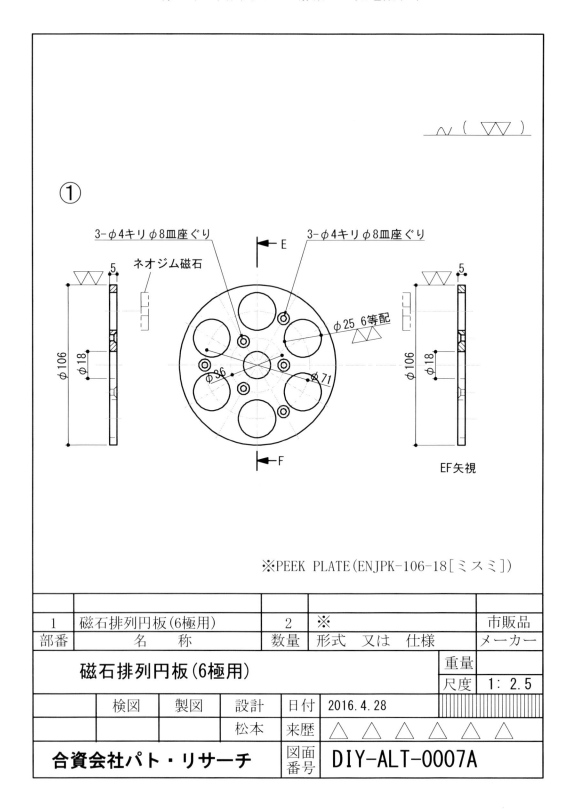

-104-

第3章　高出力トルク脈動レス発電機（Ⅰ）

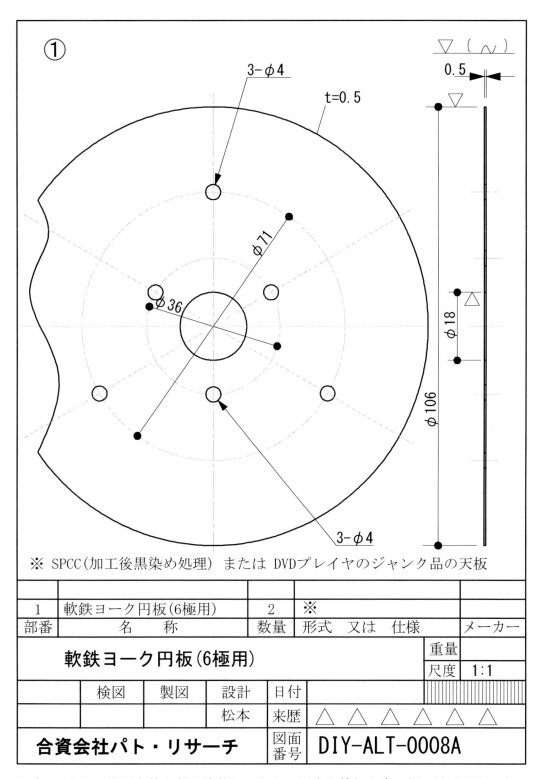

第3章　高出力トルク脈動レス発電機(Ⅰ)

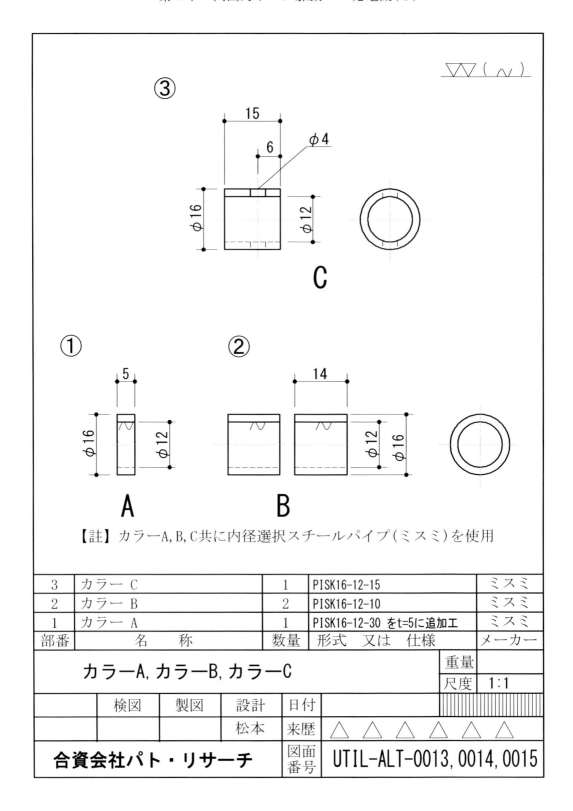

第3章　高出力トルク脈動レス発電機(Ⅰ)

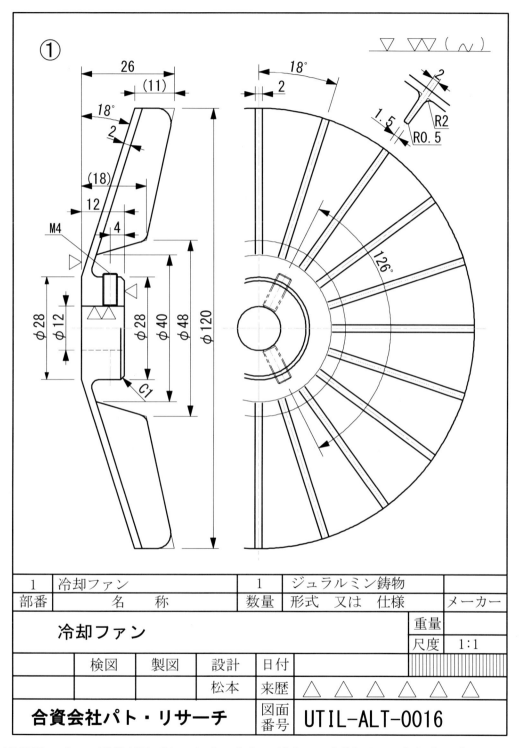

※起電コイルの発熱が及ばない部分であり、ポリアミド[ナイロン](PA)、ジアリルフタレート樹脂(略称PDAP)の射出成形でもよい。

第3章　高出力トルク脈動レス発電機（Ⅰ）

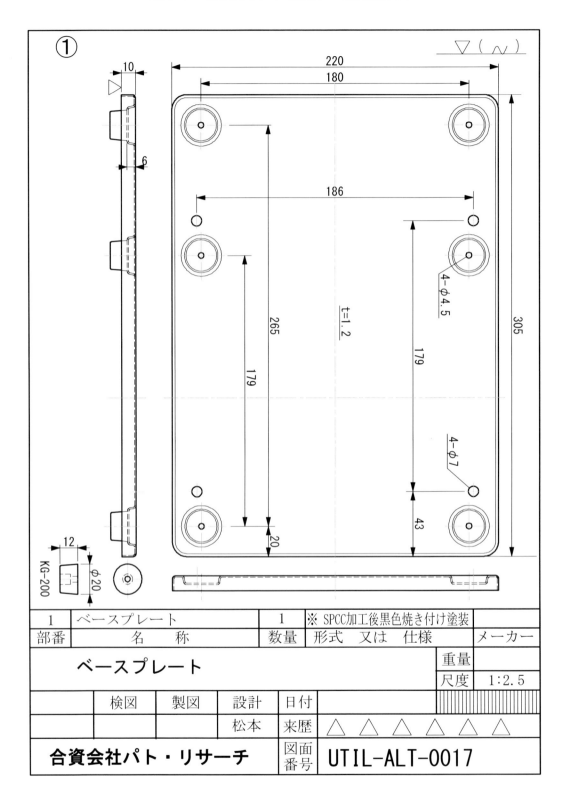

第3章　高出力トルク脈動レス発電機（Ⅰ）

【購入部品の図面】

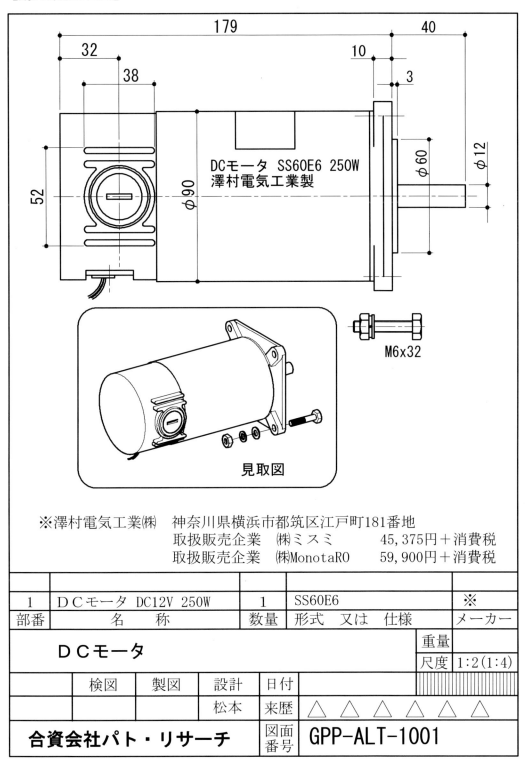

第3章　高出力トルク脈動レス発電機（Ⅰ）

MonotaRO通販の小売り価格
（MonotaROのWebカタログから引用部分拡大リメイク）

注文コード	品番	参考基準価格	販売価格(税別)	出荷関連
47302245	SS60E3-DC100V	オープン	¥44,900	出荷目安:33日 返品不可
47302254	SS60E3-DC12V	オープン	¥44,900	出荷目安:33日 返品不可
47302263	SS60E3-DC24V	オープン	¥44,900	出荷目安:33日 返品不可
47302272	SS60E6-DC100V	オープン	¥57,900	出荷目安:33日 返品不可
47302281	SS60E6-DC12V	オープン	¥59,900	出荷目安:33日 返品不可
47302297	SS60E6-DC24V	オープン	¥57,900	出荷目安:33日 返品不可
47302306	SS60E8-DC100V	オープン	¥69,900	出荷目安:33日 返品不可
47302315	SS60E8-DC24V	オープン	¥69,900	出荷目安:33日 返品不可

| 47302281 | SS60E6-DC12V | オープン | ¥59,900 | 出荷目安:33日 返品不可 |

　澤村電気工業㈱の製品は、特約販売店がWebに見あたらず、㈱MonotaROのH/Pに記載されているのを探し当てました。本書の「トルク脈動レス発電機」用に選択したモデルSS60E6 DC12V入力、250W出力は、販売価格59,900円+税と表記されています。

　後に通販企業㈱㈱ミスミで扱っているのを知りました。因みに、ミスミの通販価格では24％オフの45,375円+税との表示です。

第3章　高出力トルク脈動レス発電機（Ⅰ）

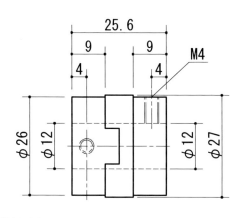

MCOG26-12-12

許容トルク：10N·m
許容偏心：0.8mm
最高回転速度：5000rpm
質量：79g
材質：ハブ[SUS304焼結合金]/スペーサ[アルミ青銅（固形潤滑剤埋込）]

見取図

1	オルダム形カップリング	1	MCOG26-12-12	ミスミ
部番	名　　称	数量	形式　又は　仕様	メーカー

オルダム形カップリング

重量	
尺度	1:2.5

検図	製図	設計	日付	
		松本	来歴	△△△△△

合資会社パト・リサーチ　図面番号　GPP-ALT-1002

第３章　高出力トルク脈動レス発電機（Ⅰ）

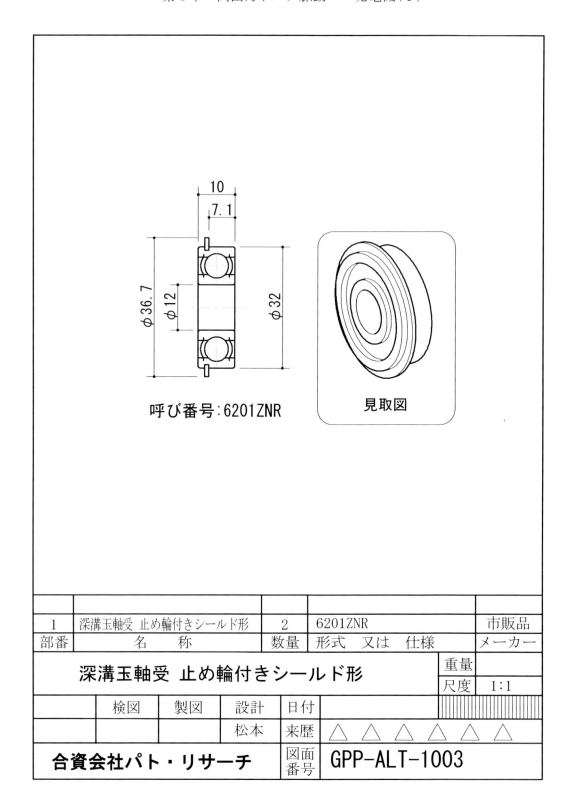

第3章　高出力トルク脈動レス発電機(Ⅰ)

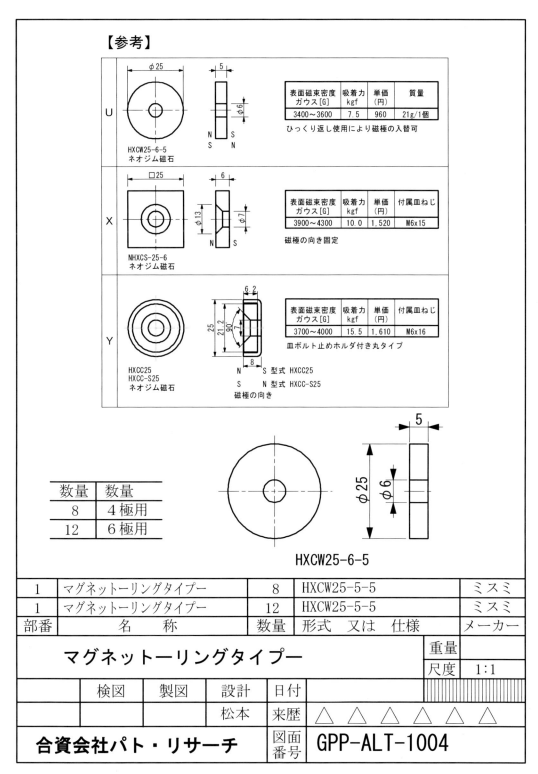

※ネオジム磁石(HXCW25-6-5, HSCC25 および HSCC-S25)は寸法が近似なので代替使用可。

第3章　高出力トルク脈動レス発電機(Ⅰ)

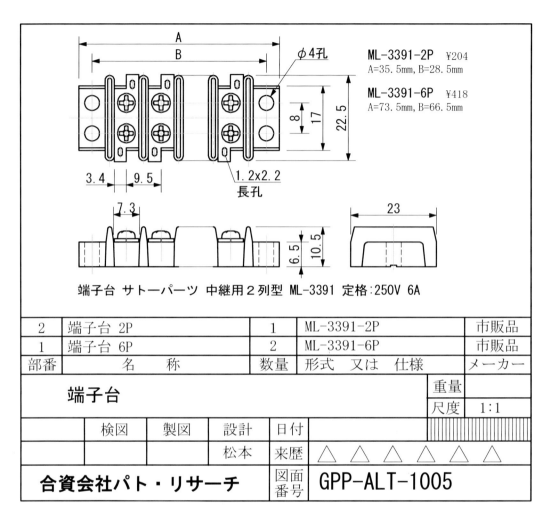

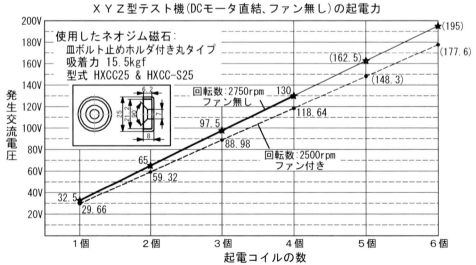

第3章　高出力トルク脈動レス発電機（Ⅰ）

【テスト用定電圧直流電源】
　澤村電気工業㈱製ＤＣモータ 250W（モデル SS60E6）を駆動させるスイッチング方式の直流電源。
　　機種：ＴＤＫ－ラムダ製の品番 HSW150-12/A
　　入力：AC85V～AC265V または DC120V～DC370V
　　出力：DC12V
　　定格電流：13A
　　最大出力電力：156W
　　外形寸法：幅 37mm×高さ 82mm×奥行 160mm

【定電圧直流電源の購入先】
　㈱MonotaRO
　注文コード 09459651　参考基準価格 9,990 円、通常価格 7,890 円
　出荷目安：当日

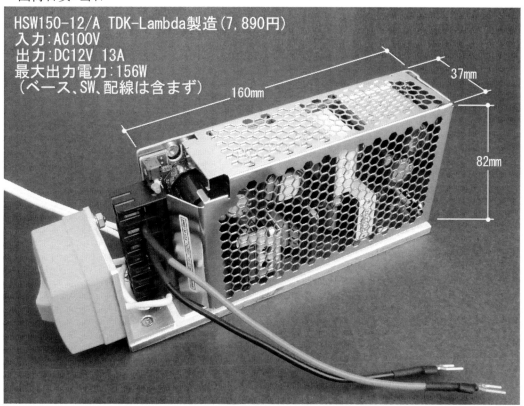

写真 3-4 スイッチング方式の直流電源ＴＤＫ－ラムダ製の品番 HSW150-12/A

　因みに、この製品は「トルク脈動レス発電機」で発電した交流電力をリチウム イオン蓄電池に充電するのにも使用できます。

第3章　高出力トルク脈動レス発電機(Ⅰ)

【購入部品・機器などの販売先※】

◆　株式会社ミスミ：
東京都江東区東陽 2-4-43
TEL 03-3647-7300、FAX 03-3647-6128(カタログ請求専用)

※カタログを請求してユーザー登録をします。

写真 3-5 ミスミおよび MonotaRO のカタログ

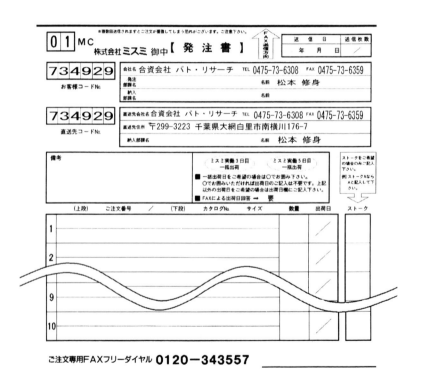

図 3-27 ミスミ部品の注文書フォーマット

◆　株式会社 MonotaRO：
兵庫県尼崎市竹谷町 2-183 リベル F
TEL 0120-613-508、FAX 0120-996-669

第4章 既製品のエンジン発電機—実用発電機の見本—

　オートキャンピング用にと昭和56年(1981)にホンダのエンジン発電機(写真4-1)を購入しました。乗用車の鉛蓄電池に充電できるDC12V 8.3AとAC100V 330VAの出力でしたが質量が約20kgと重いものです。パソコンが発売され始めた時代でした。

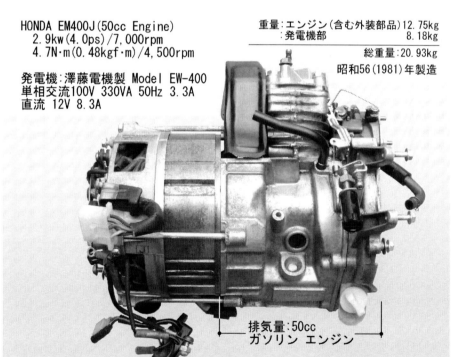

写真4-1 ガソリンエンジン＋発電機(カバー、ベース類は取り外し)

第4章 既製品のエンジン発電機―発電機の実用見本―

写真 4-2 エンジン側から撮った画像

　その翌年の昭和57年(1982)にＩＢＭのパソコン IBM5550 およびキャダムシステム社のCADソフトを購入しましたが、高価・低性能・貧弱なプリンタ等の周辺機器には泣かされました。幸か不幸か、黎明期からパソコンに接した効用として、早くから「パソコン通」になれたことです。振り返りますと、高性能で廉価になったパソコンを利用できる今日、パソコンの性能が工業技術のバロメータとさえ感じます。2016年の今日、35年前に製造されたエンジン発電機を分解してみてそのことを感じました。

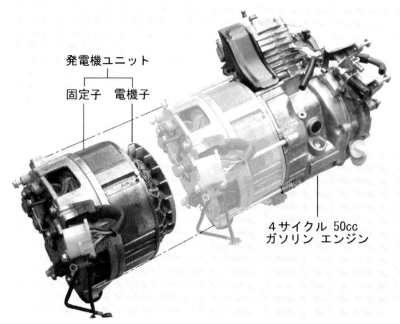

写真 4-3 エンジン部から発電機を取り外した状態

　実用になる「トルク脈動レス発電機」を設計するに当たって分解して参考にした発電

-118-

第4章　既製品のエンジン発電機―実用発電機の見本―

機は、澤藤電機から相手先ブランドの「ホンダ」に供給されていた製品で、この当時の乗用車に使われているオルタネータのサイズに近いものです。
　現在のエンジン発電機は、ホンダ、ヤマハ共に「**多極オルタネータの採用で軽量・コンパクト化を実現**」を謳っていまして、インバータを介してチラツキが無い良質な直流電力を出力することも併せて格段に進歩しています(図4-1)。

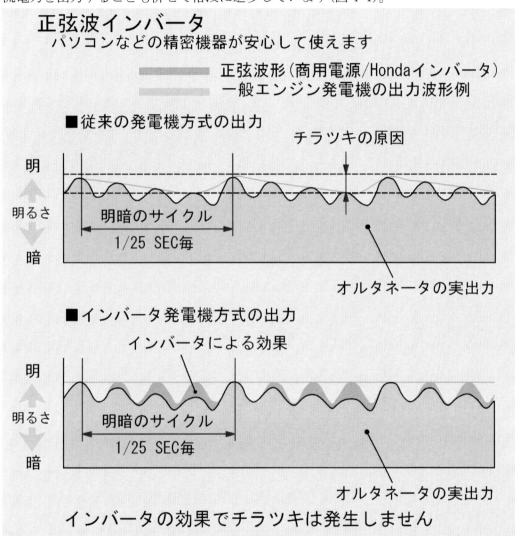

図4-1 インバータによる良質な直流電力(ホンダのH/Pageから引用リメイク)

　オートバイの製造販売からスタートし、軽自動車ホンダN360を皮切りに普通乗用車の生産、そして飛行機「ホンダジェット」(写真 4-4)までも手掛ける多角経営の企業ながらエンジン発電機の発電機は、澤藤電機に丸投げしていましたから発電機部に関しては「ホンダの技術」と言える商品ではありませんでした。従いまして、ホンダのエンジン発電機の発電機部は、澤藤電機の技術となります。
　余談ですが、業界初の軽スポーツカー「ビート」のスタータ モータは、日本電装製、オルタネータは三菱電機製のものを使用しています。

-119-

第4章 既製品のエンジン発電機―発電機の実用見本―

写真 4-4 ビジネス機ホンダジェット

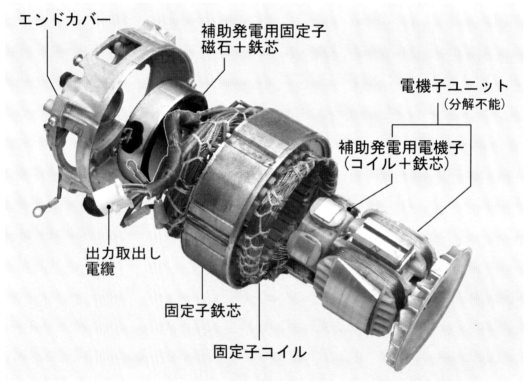

写真 4-5 発電機主要部の分解

　澤藤電機株式会社の製品は、筆者の「トルク脈動レス発電機」のC型テスト機がＤＩＹレベルの製作技術および工作工具で極めて容易に製作できるのに比べて驚愕の回りくどい製造工程、無駄な高コスト構造であり、これで利益が出るのかと他人事ながら心配になります(写真 4-5～写真 4-9 および図 4-2)。

第4章　既製品のエンジン発電機―実用発電機の見本―

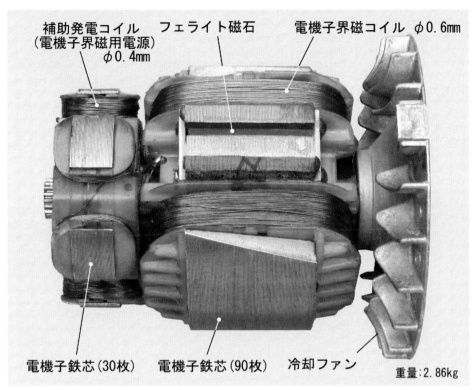

写真 4-6　主電機子と主電機子を励磁するための補助発電機の電機子

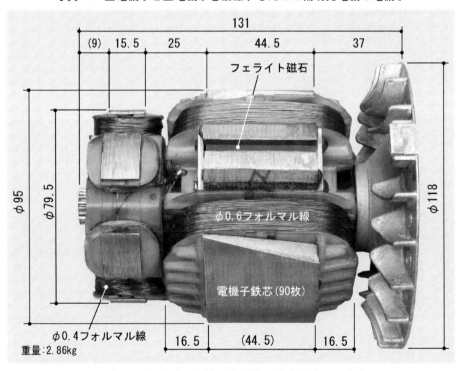

写真 4-7　主電機子と補助発電機の補助電機子の寸法

第4章 既製品のエンジン発電機—発電機の実用見本—

補助発電部の起電コイルで発電した電力で主電機子の電機子鉄芯2個を電磁石化して固定子の固定コイルで発電させる「2極自励磁回転界磁形単相交流発電機」です。

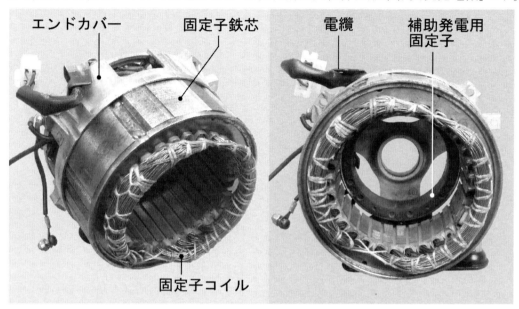

写真4-8 固定子の鉄芯および一対2極の起電コイル

固定子の積層珪素鋼板の内周には30本のスロット(溝)があり、絶縁シートで包まれたφ1.0mm太さのフォルマル線を通してあります(写真4-8および図4-2)。

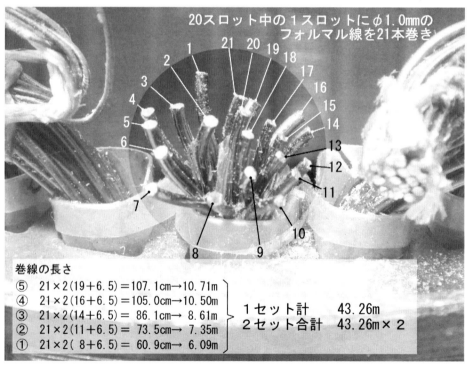

写真4-9 起電コイルの巻数を数えてみたら・・・

-122-

第4章　既製品のエンジン発電機―実用発電機の見本―

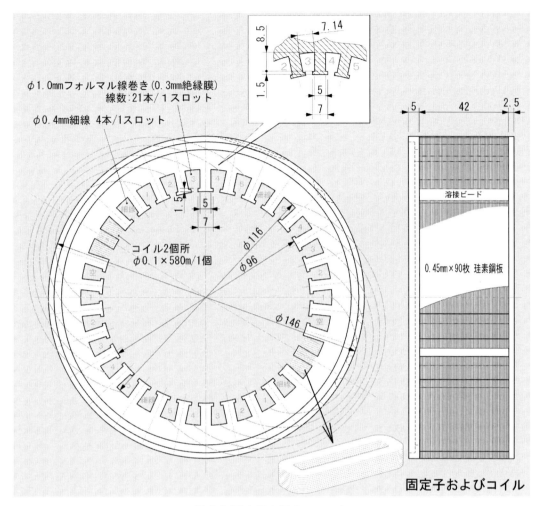

図 4-2 固定子内周のスロット

　積層珪素鋼板内周の30本のスロットには、起電コイルの他に高電圧を発電させてエンジンの「点火プラグ」にスパークさせるためのφ0.4mmのフォルマル細線を巻いた2個の「起電コイル」がスロットの対向位置に2個所にあります（図4-3）。

図 4-3 高電圧起電コイル

　φ1.0mm太さのフォルマル線580mを積層珪素鋼板内周の30本のスロットに通すのは熟練工の手作業に違いなく、間違いなく組み込むのは並々ならぬ緊張を強いられると思います。レコード盤全面に刻まれた溝の如く、スタートからエンドまで1本の線

でなければならず、作業終了後に検査して導通していなければ巻線作業に何時間も掛けた努力が水の泡になってしまいます。

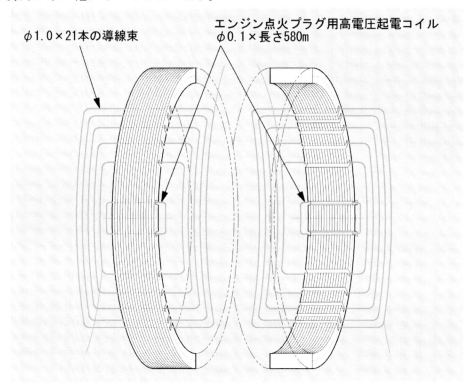

図4-4 一対2極の起電コイルおよび高電圧起電コイルの位置関係図

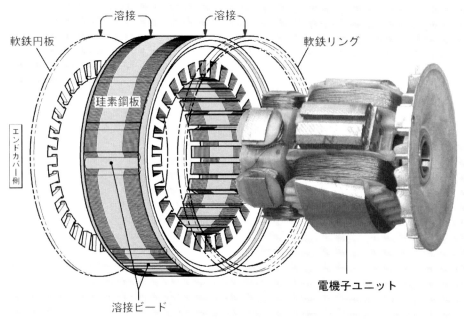

図4-5 固定子の構造と電機子ユニット

第4章 既製品のエンジン発電機—実用発電機の見本—

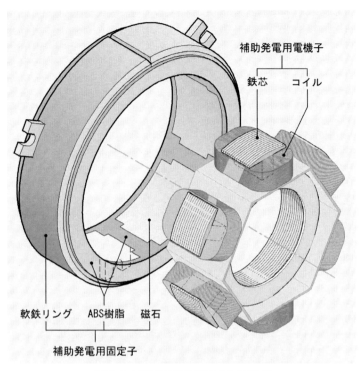

図 4-6 補助発電用固定子と電機子

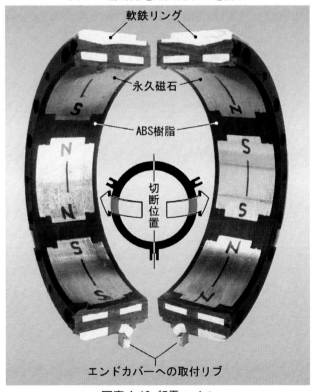

写真 4-10 起電コイル

第4章 既製品のエンジン発電機—発電機の実用見本—

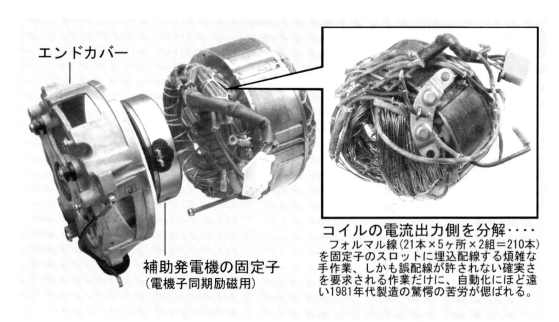

写真 4-11 巻線作業の労苦が偲ばれる固定子の起電コイル

今日2016年から遡る35年前に生産された澤藤電機の「2極自励磁回転界磁形単相交流発電機」、完成すれば「機械工業」的製品ですが、その製造手法は近代的自動生産にはほど遠い「手工業」そのものです。ホンダへのOEM製品「多極オルタネータ」の開発前だったのか、それが澤藤ブランド製品として2011年になっても健在なのは、昔とちっとも変わっていない「二重の驚愕」です（写真4-12）。

写真 4-12 2011年7月に販売開始された澤藤発電機ＥＬＥＭＡＸ SH2500EX-J
（同社の H/Page から引用）

第4章　既製品のエンジン発電機—実用発電機の見本—

表 4-1 ＥＬＥＭＡＸ SH2500EX-J の仕様表

サワフジ発電機　ＥＬＥＭＡＸ

モデル名			SH2500EX-J
周波数 (Hz)			50
	形式		2極回転界磁形単相交流発電機
	励磁方式		自励式
	制御方式		AVR式
	出力	定格出力 (kVA / kW)	2.5
	電圧 (V)		100
	電流 (A)		25.0
	力率 (定格、cosφ)		1.0
エンジン	メーカー		ホンダ
	モデル名		GX200
	形式		空冷4ストローク ガソリンエンジン
	排気量 (CC)		196
	使用燃料		自動車用無鉛ガソリン
	始動方法		リコイル式
	冷却方式		強制空冷式
その他	長さ X 幅 X 高さ (mm)		623 x 435 x 491
	乾燥重量 (kg)		46
	燃料タンク容量 (ℓ)		13
	連続運転時間 (ℓ / 時間)	定格出力時	8
	騒音値 [dB(A) / 7m]	定格負荷時	71.7(無負荷 65)

　因みに、東証１部上場企業の株価を見ますと、近代工業の自動化に必須の「**センサー（検知器）**」を開発・販売している超高収益企業「**キーエンス**」の株価 58,830 万円に対し、澤藤電機の株価がそれの 1/328 の最低値で推移しているのも頷けます。

表 4-2 2016 年 3 月 11 日の株価（抜粋）

58,830円/179円≒328

-127-

コラム

自動車用オルタネータ

　このオルタネータは、エンジンの回転力で電機子を回転させ、バッテリからの電力で励磁して外側の固定子のコイルで交流電力を発電する従来からの伝統的方式。

　発電した交流電力は、ダイオードブリッジモジュールで直流に変換して車載の電装機器を作動させる。三菱電機・日立製作所・日本電装・澤藤電機などが製造している。

　オルタネータは、自動車電力システムの「要」であり、何らかのトラブルで発電できなくなるとバッテリに充電できなくなり、いわゆる「バッテリ上がり」になってしまう。言うまでもなく、電装品のすべてが停止してしまい走行できない。

　オルタネータは、めったに故障しないのだが、ボールベアリングの潤滑不良で焼き付きを起こすと回転しなくなり、Ｖベルトの焼損も起きてしまう。車庫でアイドリングしていて、オルタネータ付近から「ジャリジャリ・チリチリ」などの異音がしていたらボールベアリングの潤滑不良の兆候。

　多くの場合、整備工場ではオルタネータ自体の修理を渋り、アッセンブリ交換になる。「売価7～8万円＋工賃」の出費を覚悟しなければならない。

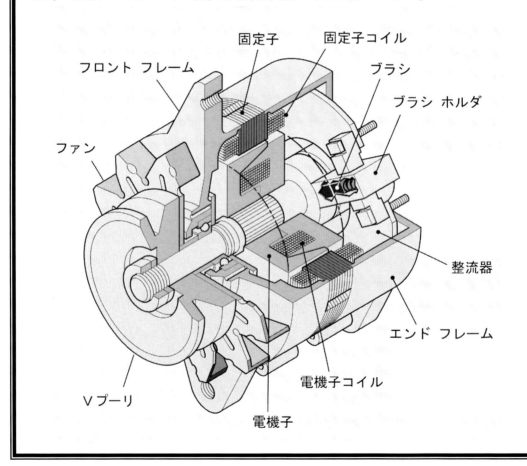

第5章 高出力トルク脈動レス発電機（Ⅱ）

5.1 市販の従来方式構造のエンジン発電機
【ヤマハのエンジン発電機】
　市販のエンジン発電機の典型的な起電コイルの従来方式例を図5-1に示しますが、この方式では構造上の制約で永久磁石あるいは電磁石を「内側＋外側の二重構造」にすることはできません。
　この構造は、1981年に製造されたホンダ発電機EM400JのOEMを請け負った澤藤電機の製品EW-400にも見られた「定番構造の2極回転界磁形単相交流発電機」でした。

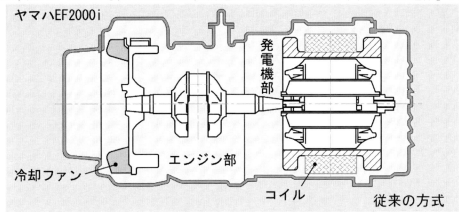

図5-1 市販の従来方式エンジン発電機の構造（ヤマハ発電機総合カタログからリメイク）

　最近、ヤマハ発動機では「多極オルタネータ」を採用した軽量・コンパクトなインバータ方式のモデルを販売しています（図5-2）。また、澤藤電機のホンダ向けOEM製品EU9iとEU24iにもみられます。

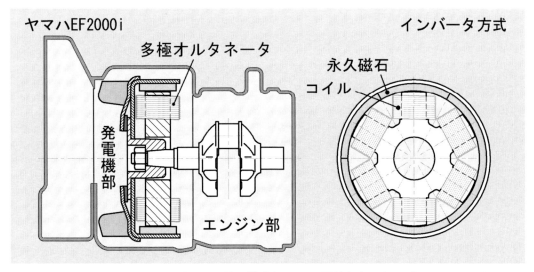

図5-2 市販の改良型エンジン発電機の構造（ヤマハ発電機総合カタログからリメイク）

第5章　高出力トルク脈動レス発電機(Ⅱ)

　しかし、コンパクトとは言え、それに採用している磁石を起電コイルの内側と外側から挟む「二重構造」にはしていません。

　筆者の推測ですが、磁石配置を起電コイルの両側を挟んだ構造にした場合、コイルの片方のみに磁石を置いた場合に比べて「2倍の電圧」になることを承知していないのかと思われます(図5-2)。ヤマハ発電機総合カタログ2013年3月版に記載の挿絵では、図のサイズが「縦 1cm×横 1.5cm」とあまりにも小さくてコイルの芯部の形状が明確には見えず、スキャナの解像度では画像の質が悪いために接写カメラで撮影してリメイクしました。コイルの巻き線工程を自動化するには図5-3の左図ようにしていると考えられます。また、六角星形コイルの芯部の材質に鉄芯を使用しているのか、それとも非磁性のジュラルミンを使用しているのかも不明です。しかし、EF9HiSの仕様に「**自己励磁式**」との記載があることから「**鉄芯ありコイル**」と推測できますし、図5-2の元図には「**自己励磁式**」の兆候が明示されていません。

　Amazonの通販で製品現物130,000円を40%レスの78,079円、またはカインズホームの88,000円で購入できますが、分解用の資料のためとは言え、小遣い銭の枠外の金額ですので購入しそびれています。

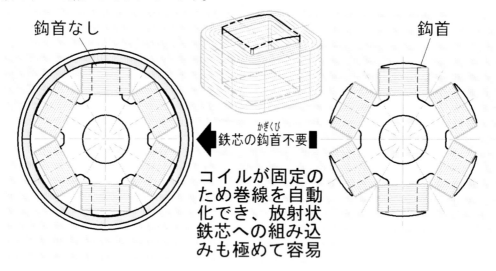

図5-3 コイル巻線の自動化

【二重磁石構造のエンジン発電機】

　前出図5-1,図5-2に記載のヤマハ発電機EF2000i中の数字「2000」は、出力2,000VAを表していて、軽量・コンパクトで世界初のアルミ ダイキャスト フレーム採用と記載されています。カタログには各部の寸法の記載はありませんが、それの枠内サイズで、回転する磁石を「内側＋外側の二重構造」に改造してみました。それら双方の相対的サイズから出力を逆算しますと「内側＋外側の二重構造」は原型の2.42倍の4.8kVAになります(図5-4)。

　しかし、4.8kVAの出力ですと、ほぼ密封状態の起電コイルの発熱が気になります。アウタ磁石ホルダおよび起電コイルホルダの側面に通風用スロットを設ける必要があります。また、図5-4の左方に見えるファンは、前出図5-1、図5-2をそのまま援用していますので適切な形態ではありませんので設計変更する必要があります。

第5章　高出力トルク脈動レス発電機(Ⅱ)

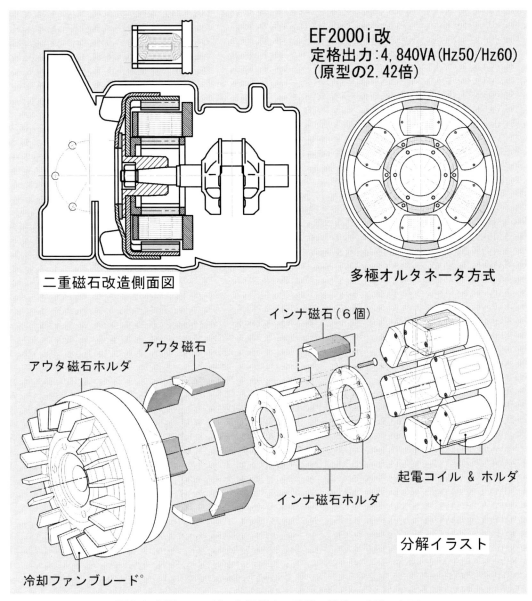

図5-4 市販のエンジン発電機を二重磁石構造に改造した図

　ヤマハ発電機 EF2000i のアルミ ダイキャスト フレームのサイズの枠内での改造案ですので、設計の自由度がなく、最適な冷却ファンを設けるアイデアには至りませんでした。

5.2　平置き「長穴あき小判形コイル」のF型テスト機

　筆者の前著作で紹介しました「トルク脈動レス発電機」の C型テスト機は、木製のコイル取付板に「穴あき円形コイル」を埋め込み、その両側に「ネオジム-鉄-硼素磁石」4個を等分排列した回転体を高速回転させて発電する形式でした。
　しかし、連続稼働する実用機では、電気抵抗による発熱するコイルの放熱に難があ

第5章　高出力トルク脈動レス発電機(Ⅱ)

りますので、本書の第3章の「ＤＩＹ仕様の簡易テスト機」では起電コイルを花弁形にしたのに併せて放熱対策をしました。

それに「穴あき円形コイル」の数を増やし、また、大きいサイズにすると、磁石を排列した軟鉄円板ヨークユニットの直径が大きくなり、連動して駆動力アップが必要にもなります。

回転体の直径を可能な限り小さくし、起電コイルの発熱を効果的に冷却し、しかもメンテナンスを容易にする方策のひとつとして、「回転する軟鉄の筒に磁石を放射状に貼付けるタイプ」の「Ｆ型テスト機」を考案しました(写真5-1)。

ＤＩＹ(Do it Yourself)の手作り機ですので起電コイルを装着する筐体を木製にし、回転体は素人でも加工できる材料にして、製作には電動工具を使用しています。

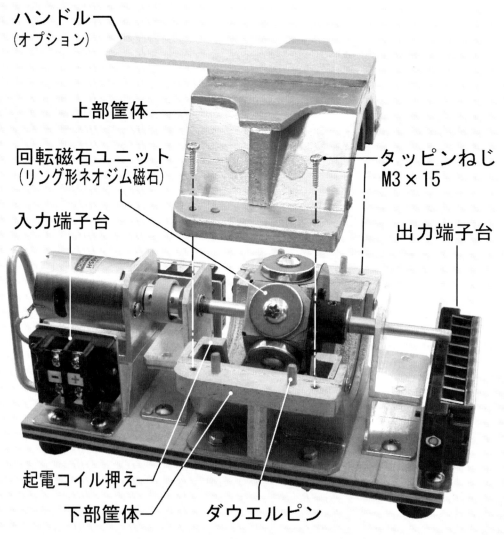

写真5-1　Ｆ型テスト機の外観と構造の合成写真

-132-

第5章 高出力トルク脈動レス発電機(Ⅱ)

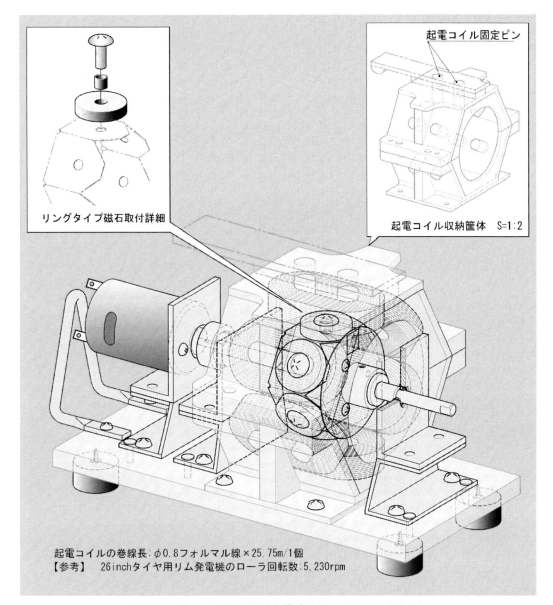

図5-5 F型テスト機の外観と構造のシースルー イラスト

　このF型テスト機は、φ25×厚さ5mmのリングタイプ「ネオジム-鉄-硼素磁石」6個を回転直径が小さい六角形の回転体の外周に放射状に排列してトラス小ねじで取り付けてあり、回転反偶力が小さいためにC型テスト機に使用したマブチのDCモータ(RS-540SH)の負荷が軽くなり、回転数がC型テスト機の 7,900rpm の 1.4 倍の 11,100rpm になりました。驚愕の高速回転の振動で筐体の外板の接着が剥がれました。
　「長穴あき小判形起電コイル」のフォルマル線の長さは、C型テスト機の 14.5m/1個 に対して 1.77 倍の 25.7m/1 個になり、構造上一層の磁石排列ながら AC20V/1 コイル の高出力になりました。コイル 6 個で AC120V になります。
　テスト機ですので軸流冷却ファンを省略していますが、写真 5-1 および図 5-5 の構

-133-

第5章　高出力トルク脈動レス発電機(Ⅱ)

造から冷却ファンの装着が容易なことが分かります。

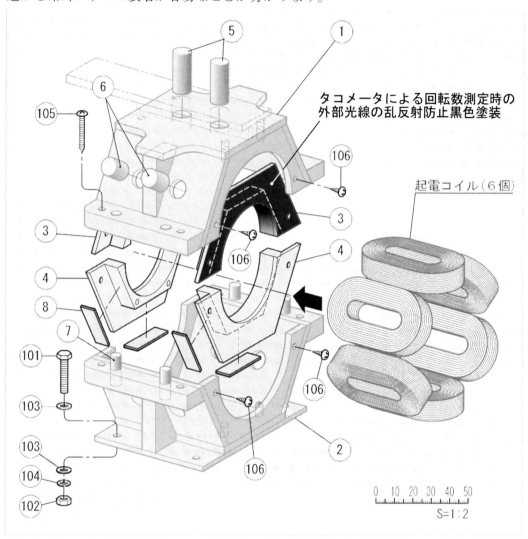

起電コイル筐体ユニット部品表

A 製作部品

番号	部品名称	個数	材質、型式
1	上部筐体ユニット	1式	シナベニヤ板
2	下部筐体ユニット	1式	シナベニヤ板
3	上部コイル抑え	1式	シナベニヤ板
4	下部コイル抑え	1式	シナベニヤ板
5	コイル支持ピン(1)	2	ラミン丸棒 φ10×24
6	コイル支持ピン(2)	10	ラミン丸棒 φ10×14
7	筐体ダウエルピン	4	ラミン丸棒 φ4×18
8	クッションゴム	12	9×30, t=1.5 ※

B 購入部品

番号	部品名称	個数	仕様
101	六角ボルト M4×20	4	市販品
102	六角ナット M4	4	市販品
103	平座金 φ4	8	市販品
104	バネ座金 φ4	4	市販品
105	トラスタッピンねじ M3×15	4	市販品
106	トラスタッピンねじ M3×12	8	市販品

※ イノアック製ウレタンフォーム(両面テープ付き)
L32-1.550MTをカットして使用

図5-6　F型テスト機の筐体および起電コイルのイラスト

回転体に発生する遠心力は、ヘリコプターの3〜10tonの重い機体をロータブレード

第5章 高出力トルク脈動レス発電機(Ⅱ)

の回転数260〜300rpmで吊っている例を見て分かる如く「**もの凄い力**」です。

F型テスト機の回転体にねじ止めしてある「ネオジム-鉄-硼素磁石」φ25×5(重量21g/1個)の回転直径φ50mm、回転数11,100rpm(1162rad/sec)での遠心力は約72kgfになります。SUS304製トラス小ねじM5の谷径の断面積13.41mm^{2}での許容引張強さ59kgf/mm^{2}における許容荷重が約791kgf(59×13.41≒791[kgf])ですから、安全率11.4であり楽にクリアします。つまり、SUS304製トラス小ねじM5の頭が抜け飛ぶ心配はありません。因みに、遠心力(F)は次の計算式で求めています。

$$F = m\omega^2 r \rightarrow F = 0.021 \times 1162 \times 1162 \times 0.025 \rightarrow F \fallingdotseq 72.3 \text{kgf}$$

但し、質量m:21g、回転角速度ω:1162rad/sec、回転半径r:2.5cm

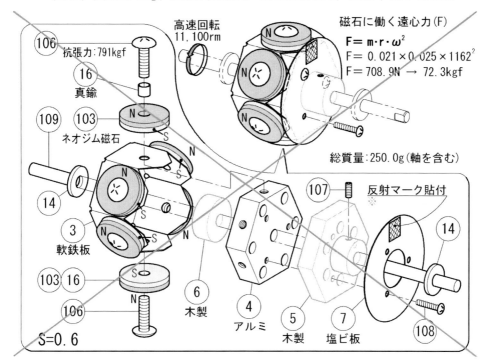

図5-7 磁界ループを無視して磁石を排列したF型テスト機の回転体のイラスト

なお、ネオジム磁石6個の「**磁極S極**」すべてを軟鉄版に両隣の同磁極の反発力をむりやり押し切って貼り付けた排列にした実験で12.5%の電圧降下を確認中にネオジム磁石1個が割れた事故が起きました(コラム「強烈すぎるネオジム磁石」参照)。

元々振動が激しいテスト機のネオジム磁石6個中の1個が突然ひび割れして頭部が大きいトラス小ねじの頭に引っ掛かった為に辛うじて飛散を免れましたが、その瞬間からバランスが大きく崩れましたので急遽電源をオフにして急停止させテスト機の破損には至りませんでした。突然起きたテスト機全体を揺さぶる振動アップで木製六角形筐体の一部の接着が剥がれていました。

ネオジム磁石1個には約72.3kgfの遠心力が掛かっていますので、2つに割れたネオジム磁石の破片が飛散すれば、回転体のカバーにもなっているベニヤ板製の六角形筐体の側壁に貼り付けてある起電コイルを破損し、他の磁石にも連鎖する大事故になったかも知れません。

第5章 高出力トルク脈動レス発電機(Ⅱ)

コラム

強力すぎるネオジム磁石

「トルク脈動レス発電機」に使用したネオジム磁石に指を挟まれると皮膚が千切れるほど強力な吸着は、時として磁石自体が割れる場合があり、回転体にしっかり「ねじ止め」したからとて安全とは言えず、偶々実験中に割れた2片がトラス小ねじの頭に引っ掛かって大事に至らずに済んだのは幸いでした。回転体のバランスが崩れ、もの凄い振動に変わったので破損に気付きモータのスイッチをOFFしました。

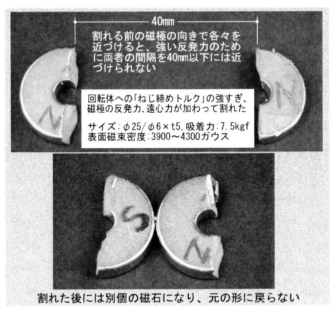

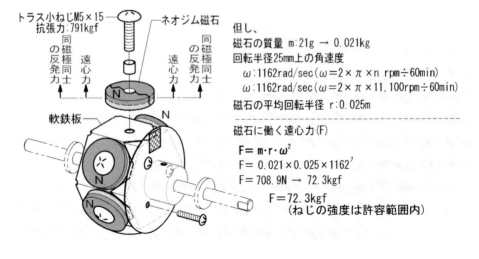

但し、
磁石の質量 m:21g → 0.021kg
回転半径25mm上の角速度
  ω:1162rad/sec($\omega = 2 \times \pi \times n$ rpm÷60min)
  ω:1162rad/sec($\omega = 2 \times \pi \times 11,100$rpm÷60min)
磁石の平均回転半径 r:0.025m

磁石に働く遠心力(F)
  $F = m \cdot r \cdot \omega^2$
  $F = 0.021 \times 0.025 \times 1162^2$
  $F = 708.9N \rightarrow 72.3kgf$

  $F = 72.3kgf$
  (ねじの強度は許容範囲内)

第5章 高出力トルク脈動レス発電機（Ⅱ）

5.3 平置き「長穴あき小判形コイル」の出力倍増トルク脈動レス実用発電機

「Ｆ型テスト機」を参考にして、前出ヤマハ発電機 EF2000i の出力倍像改造実用機を計画しました（図 5-8）。長穴あき「小判形コイル」の厚みを 6 枚「花弁形起電コイル機」の厚み 40mm に対して半分の 20mm にしましたので発電力は落ちます。

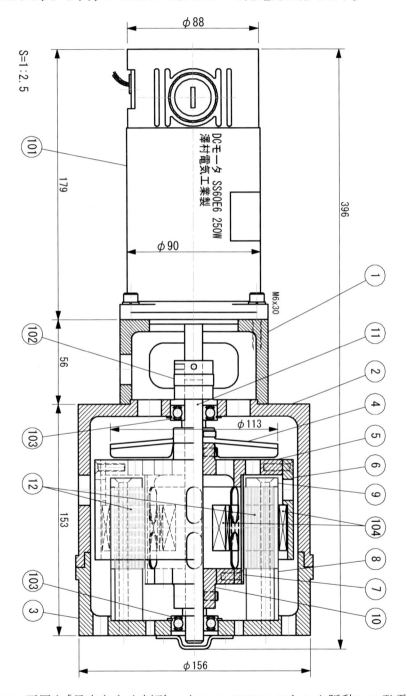

図 5-8 平置き「長穴あき小判形コイル・二重磁石」のトルク脈動レス発電機

-137-

第5章　高出力トルク脈動レス発電機(Ⅱ)

　回転軸の近傍と外側の二重磁石の内、外側の磁石1個の遠心力は、回転円径が 1.7 倍になり、それに比例して6枚「花弁形起電コイル機」の約1.7倍の123kgfになる勘定です。合計6個では約738kgfの均等内圧が片側開放の薄肉管を押し広げるように働きます。それの他に薄肉管の自重による遠心力が管外周全体で8,814kg、磁石1個当たり約1.5tonです。コイルの厚みを大きくすると薄肉管径も太くなりますので遠心力も増大して好ましくありません(図5-9の上図)。

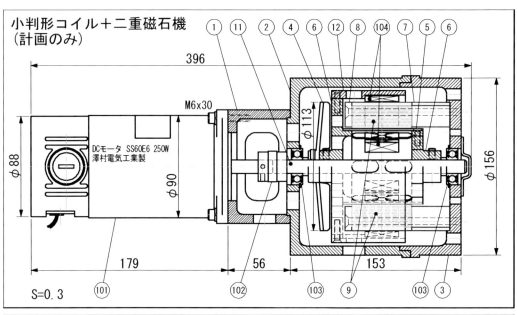

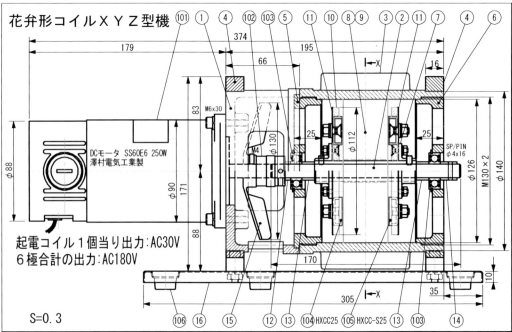

図5-9 「長穴あき小判形」コイル・二重磁石(上)と花弁形のトルク脈動レス発電機のサイズ比較

第5章 高出力トルク脈動レス発電機(Ⅱ)

　両者の寸法はほぼ同等です。コイルは、圧肉筒にコイル幅のスロットを入れた独特の形状で③エンドフレームにしっかりと固定する構造(図5-10)にしてあり、発熱の放散にもファンを設け、隔壁兼用の軸受保持盤に通風口を設けてあります。

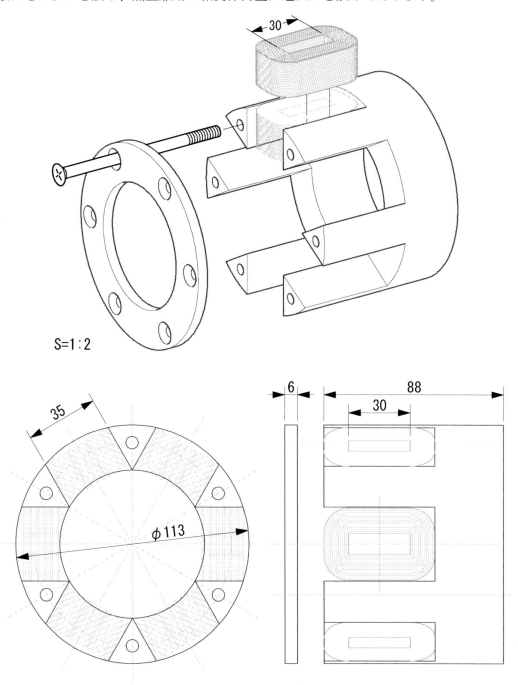

図5-10 平置き「長穴あき小判形」コイルおよびコイル保持ブロック

　この機種のデザインは、冷却ファンの配置の違いで必然的に変わりましたが、外観・

第5章　高出力トルク脈動レス発電機（Ⅱ）

ＤＣモータと発電機の左右のバランス（図5-11）・性能などの自由度の点で前出の第3章3.6項の「6枚花弁形起電コイル機」が選ばれると思っています。

とりわけ、出力2倍構造にするためには、ネオジム磁石をコイルの外側にも設ける「二重磁石構造」では遠心力が巨大になりますから、別の方法もありますのでそれに変えるのが良策となります。図5-11の⑫起電コイルを長手方向に伸ばしても、⑧コイル保持ブロックと③後部軸受ホルダ間のスペースに余裕があり、(104)ネオジム磁石を現状の30mmから50mmの長さにすることができます。

内側のネオジム磁石ユニットを水平方向に拡張させても、薄肉円筒が磁石の遠心力を押さえることができますので構造上の不具合はありません。

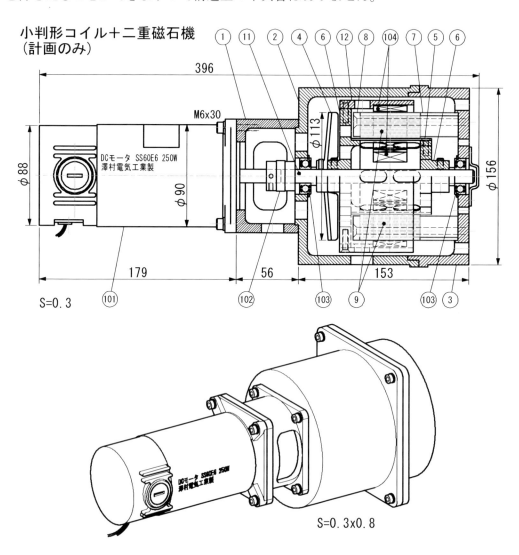

図5-11 「長穴あき小判形」コイル・二重磁石型トルク脈動レス発電機の側面図と外観図

第5章 高出力トルク脈動レス発電機(Ⅱ)

5.4 コイル1個の起電力1.16倍トルク脈動レス発電機—磁石サイズ20×40×7—

　ヤマハのエンジン発電機 Model EF2000i の性能アップ改造の試みから「二重磁石構造」を発展させてみましたが「巨大な遠心力の壁」に阻まれてしまいました。
　結論として、予定したコイル1個当り起電力2倍発電機は、「二重磁石構造」では成功しませんでしたので、磁力線(磁束)のアップ、長穴あき小判形コイルおよびネオジム磁石の「**長さを大きくする方法**」を検討してみます(図5-12)。

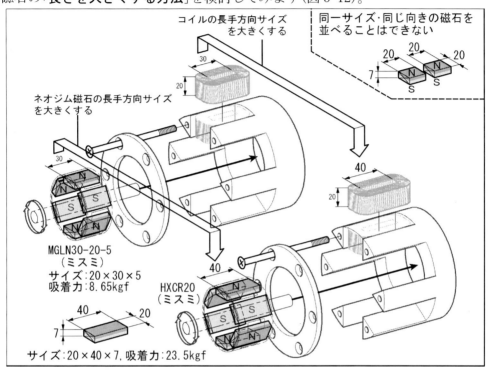

図5-12 平置き「長穴あき小判形」コイルおよびネオジム磁石

　この図ではサイズ20×30×5の磁石をサイズ20×40×7に変えましたが、サイズ20×30×5の吸着力8.65kgfが2.7倍の23.5kgfにアップしています。
　コイルのサイズアップと磁石の吸着力アップによって計算上コイル1個当り**起電力1.5倍**を超えると推測できますが、確かなことは実験してみないと分かりません。
　　　　＊＊＊＊＊＊＊＊＊＊＊＊＊＊＊＊＊＊＊＊＊＊＊＊＊＊
　因みに、磁石のサイズ20×40×7の代替品として、仮にサイズ20×20×7を磁極の向きを揃えて2個並べることはできるでしょうか？
　サイズの数値は20×2＝40ですが、端面の断面積が2.8cm^{2}にすぎないのに、同じ磁極同士の強力な反発力で端部を密着させることはできません(図5-12の右上図)。
　つまり、1個の半分サイズの磁石を2個並べても「1/2＋1/2＝1」の元の磁石の代替品にはならないのです。
　　　　＊＊＊＊＊＊＊＊＊＊＊＊＊＊＊＊＊＊＊＊＊＊＊＊＊＊
　起電力2倍発電機の「二重磁石構造」を取り止めて、長穴あき小判形コイルおよびネオジム磁石の「**長さを大きくする方法**」に方向転換し,設計変更した起電力3倍「**トルク脈動レス実用発電機**」の組立側面図を図5-13に示します。起電コイルの発熱放散の為

-141-

第5章　高出力トルク脈動レス発電機（Ⅱ）

の外周側の隙間を大きくしましたので外径サイズは図5-11と同等です。また、冷却用ファンの外径をφ113からφ130に大きくしました。

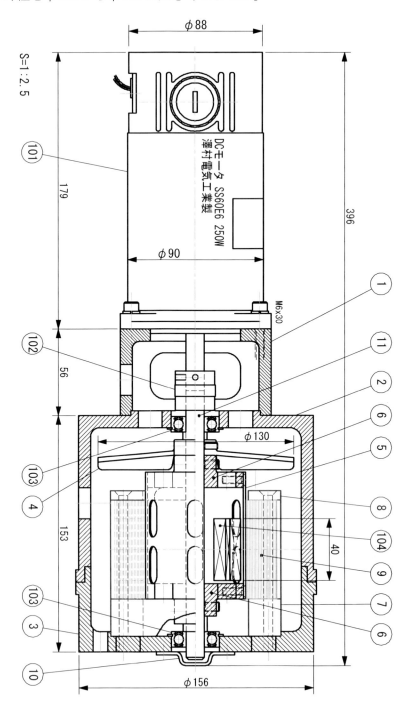

図5-13　コイル1個当り起電力1.16倍、6極合計7倍出力「トルク脈動レス実用発電機 ―磁石サイズ20×40×7―」の組立側面図

第5章 高出力トルク脈動レス発電機(Ⅱ)

コイル1個当り起電力1.16倍、6極合計AC84V出力機の部品表

A 製作部品

番号	部 品 名 称	個数	材質・メーカー	型式 または サイズ
1	モータ取付フレーム	1	ジュラルミン鋳物	
2	モータ側軸受ホルダ	1	ジュラルミン鋳物	
3	後部軸受ホルダ	1	ジュラルミン鋳物	
4	冷却ファン	1	ジュラルミン鋳物	
5	丸パイプφ65×82	1	電縫鋼管	φ65/t2(内径仕上げφ61.8)
6	軟鉄ヨーク芯	2	SS400	加工後黒染め処理
7	コイル保持ブロック	1	ABS樹脂またはアルミ鋳物	
8	コイル保持リング	1	ABS樹脂またはアルミ板	
9	小判形起電コイル	6	φ1.0フォルマル線	巻線業者に製作依頼
10	軸受カバー	2	アルミ	
11	回転軸(φ12×174)	1	シャフト[SUS440C相当](ミスミ)	SSFJ12-174

B 購入部品

番号	部 品 名 称	個数	材質・メーカー	型式 または サイズ
101	DCモータ DC12V 250W	1	澤村電気工業㈱	SS60E6
102	オルダム カップリング	1	ミスミ	MCOG26-12-12
103	深溝玉軸受 止め輪付きシールド形	2	市販品	6201ZNR
104	ネオジム磁石ホルダ付き長方形	6	ミスミ	HXCR20(吸着力23.5kgf)

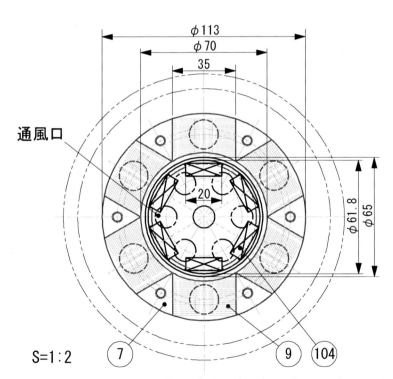

図5-14 コイル1個当り起電力1.16倍、6極合計倍7倍出力「トルク脈動レス実用発電機
―磁石サイズ20×40×7―」の磁石および起電コイルの正面図

第5章　高出力トルク脈動レス発電機（Ⅱ）

5.5　全起電力19倍トルク脈動レス実用発電機―磁石サイズ25×50×8―

　前出5.3項「平置き『長穴あき小判形コイル』」の出力倍増トルク脈動レス実用発電機」および5.4項の「コイル1個の起電力1.16倍トルク脈動レス実用発電機―磁石サイズ20×40×7―」は、**外観デザイン**の点で第3章3.6項の「6枚花弁形起電コイル機」に水をあけられているとの感想を述べました。機能的には「甲乙付け難い」のですから、両者の良いところを活かした「外装と中身の換骨奪胎」をしてみました。外観は似ていても中身は全く非なるものです（図5-15、図5-16）。

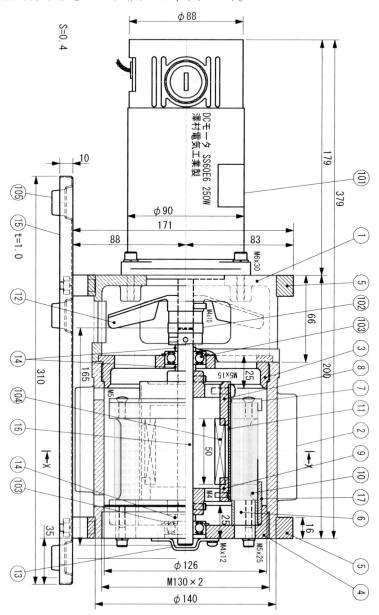

図5-15　全起電力AC228V、ＤＣモータへの入力の19倍出力「トルク脈動レス実用ＸＬ型発電機―磁石サイズ（25×50×8）6個使用―」の側面図

第5章　高出力トルク脈動レス発電機（Ⅱ）

　組立完了後の外観は、第3章の「図3-24 外観イラスト」（（図5-15A の下図）よりも水平長手方向に僅か 5mm 伸びで収まりましたが、元の全長 414mm に対して 5mm の伸びは僅か 1.2％にすぎませんので目視による区別は難しいでしょう。

「**起電力 19 倍トルク脈動レス実用発電機—磁石サイズ（長方形 25×50×8, 吸着力 30kgf）6個使用—**」の詳細および製作図面は、**第6章**で扱います。

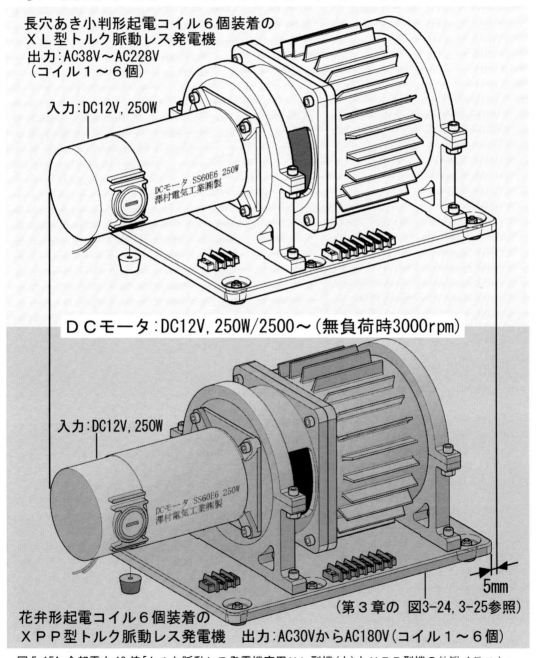

図 5-15A 全起電力 19 倍「トルク脈動レス発電機実用ＸＬ型機（上）とＸＰＰ型機の外観イラスト」

-145-

第5章 高出力トルク脈動レス発電機（Ⅱ）

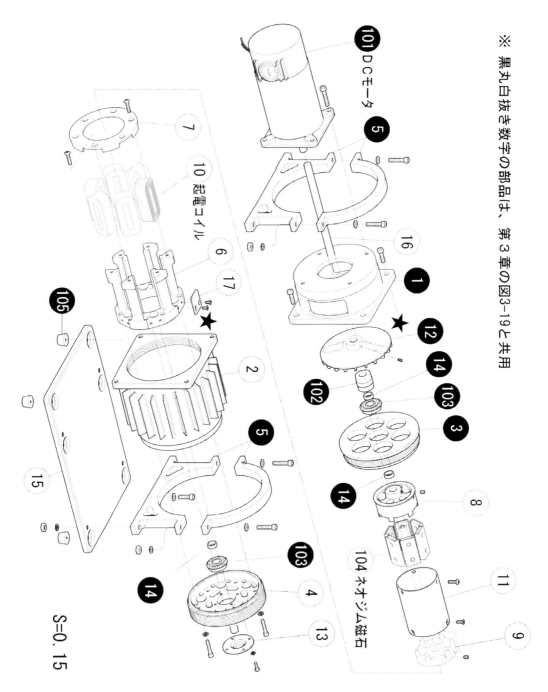

図 5-16 全起電力ＡAC228V、ＤＣモータへの入力の 19 倍出力「トルク脈動レス実用ＸＬ型発電機
―磁石サイズ(長方形, 25×50×8) 6 個使用―」の分解イラスト

　ネオジム磁石のサイズ 25×50×8 の吸着力は、1 個当たり 30.0kgf です。前作機に使用した 20×40×7 の 23.5kgf に対して 27.6％アップ、起電コイルの長さが 50/40＝25％アップですので、単純計算で起電力は約 25％アップになります(図 5-17)。

第5章 高出力トルク脈動レス発電機(Ⅱ)

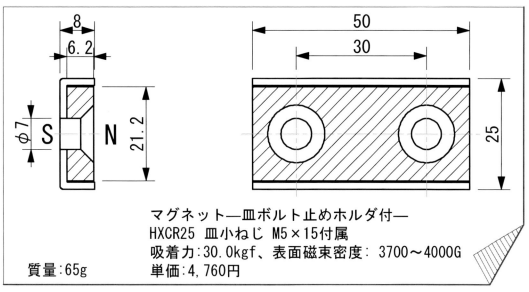

図5-17 ネオジム磁石サイズ25×50×8の仕様(ミスミのカタログより引用)

【ネオジム磁石の吸着力と取扱の安全管理】

　質量僅か65gのネオジム磁石の吸着力が「紙袋入り米穀」1袋の重量に相当する30kgf、この発電機にはそれを6個使用しますから、セット状態で約180kgfの吸着力です。目には見えないもの凄い磁気パワー、これは一種の「**危険物**」に相当しますので組み立てる際には、先ず腕時計を外してから取りかかります(図5-18、図5-19)。

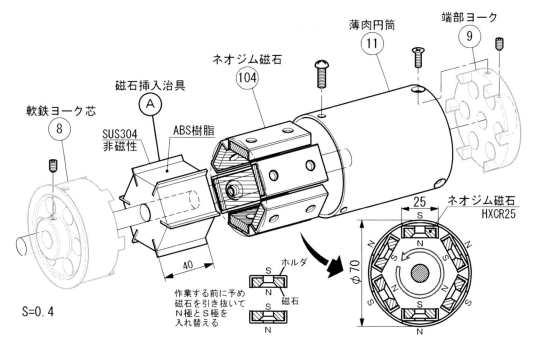

図5-18 ネオジム磁石(サイズ25×50×8)ユニットの組立図

-147-

第5章 高出力トルク脈動レス発電機(Ⅱ)

　また、磁石同士のＮ極・Ｓ極の吸着力で手指を挟まれますと**骨折・皮膚裂傷**などの大ケガになりますので安全面での充分な注意が必要です。

　作業台の上には鉄製の工具を置かず、慎重に作業する必要があります。また、組立完了後も磁力の及ばない場所に一時保管します。なお、このタイプの磁石には鉄製ホルダが付いていますので割れにくいのですが、強い衝撃を加えますと「止めねじ」部の弱い部分に「ひび割れ」を生じる場合があります。２分割されますと使用できません(図5-12の右上図参照)。

【ハイパワー ネオジム磁石ユニットの組立手順】

　回転する薄肉円筒(外径φ70mm，肉厚t=1.6mmm)の内壁に質量65gのネオジム磁石を張り付けた場合、回転数3,500rpm(366rad/sec)の回転時のネオジム磁石１個の遠心力は、ネオジム磁石の吸着力30.0kgfの9%増しの32.8kgfにすぎず、薄肉円筒を突き破って飛び出すことはありません。むしろ、遠心力よりもネオジム磁石自体の吸着力30.0kgfの方が取扱に危険が伴います。

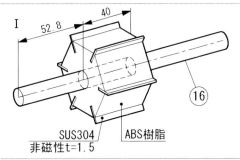

Ⅰ　ＡＢＳ樹脂製の磁石挿入治具（Ａ）に回転軸⑯を貫入します。
　回転軸⑯は磁石セットが組み終わりましたら抜き取りますので仮組みのための援用です。

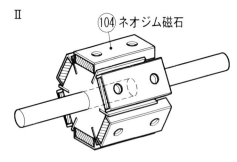

Ⅱ　磁石挿入治具の６面上にネオジム磁石を載せ磁石が落ちないように輪ゴムで仮止めします。磁石の皿穴部側がＮ極、鉄製ホルダ面がＳ極です。磁石はＮ極とＳ極を交互に配置します。
　なお、磁石の同極（Ｎ極とＮ極またはＳ極とＳ極）同士間の反発、異極（Ｎ極とＳ極）間の吸着は、両者間の距離10cmから作用し始めます。
　吸着力は凄まじい力ですので、指を挟まれないように注意して作業します。

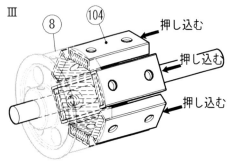

Ⅲ　治具の仕切り板に沿わせて軟鉄ヨーク芯⑧を挿入し、磁石(104)を滑らせて押し込みます。磁石(104)は、軟鉄ヨーク芯にピッタリと吸着します。

第5章　高出力トルク脈動レス発電機(Ⅱ)

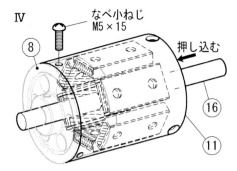

Ⅳ　軟鉄円筒⑪のねじ穴が軟鉄ヨーク芯⑧のねじ穴の位置に合うようにして押し込みます。
　⑧と⑪の穴が一致するように調整し、なべ小ねじM5×15をねじ込んで固定します。

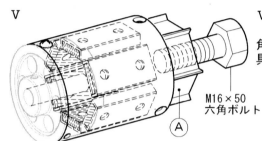

Ⅴ　回転軸⑯を引き抜き、磁石挿入治具に六角ボルトM16×50をねじ込んで、磁石挿入治具（A）を抜き取ります。

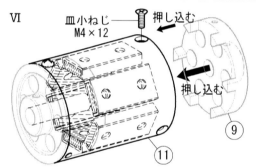

Ⅵ　端部ヨーク⑨を軟鉄円筒⑪にねじ穴位置を合わせて挿入します。

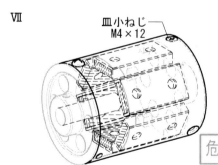

Ⅶ　端部ヨーク⑨と軟鉄円筒⑪のねじ穴位置を一致させ、皿小ねじM4×12で固定します。

　以上で組立完了です。強磁性体ですので鉄製の物を強力に吸着します。磁気は遮蔽できませんので取扱には充分に注意してください。

図5-19　ネオジム磁石(サイズ25×50×8)ユニットの組立手順

　磁気は、外径の2割の肉厚中空鉄球では、その内部空間へは外界の1/100程度しか通しませんが(図5-20)、X線などの放射能線を遮蔽できる金属の「鉛板」でさえをも通過します。また、磁石を吸い付ける物質は、単一金属では鉄、ニッケル、コバルトの3種類だけですし、合金でもこれら3種類を含むものが大部分です。

第5章 高出力トルク脈動レス発電機（Ⅱ）

=== コ ラ ム ===

ネオジム磁石とコアレス起電コイル使用のトルク脈動レス発電機

　ネオジム磁石6個をφ70/t=1.6の薄肉円筒内側に張り付けた回転体の質量548gの偶力によるトルク1.426kgf・cmで回転し始める「トルク脈動レス発電機」は、澤村電気工業製のＤＣモータSS60E 250W（トルク10kgf・cm）で楽々駆動させることができる。

　　　　　　　＊＊＊＊＊＊＊＊＊＊＊＊＊＊＊＊＊＊＊＊

　澤藤電機のエンジン発電機EW-400（2極自励磁方式単相交流 330VA 3.3A, DC12V 8.3A）の固定子の内径φ96をφ72に変更してトルク脈動レス発電機の「ネオジム磁石ユニット」回転子を使用すると駆動に必要な最小限トルクは、94.35kgf・cmであり、定格出力時の回転数3,500～5,000rpmおよび通電時の負荷をかけると15～30%増しになる。

　排気量50ccのガソリンエンジンの最大出力トルク39kgf・cm/5,000rpmでは、必要なトルクの41%しかなく出力不足になる。

　それに比べて、鉄芯レス起電コイルを使用する「トルク脈動レス発電機」の場合、強力なネオジム磁石の強力な吸着力が無いために、「ネオジム磁石ユニット」の質量0.548kgの偶力によるトルク1.426kgf・cmのみであり、出力250WのＤＣモータのトルク10kgf・cmの使用で約7倍の余力がある。そのＤＣモータは澤村電気工業㈱製のDC12Vで作動するモデルSS60E6。

　トルク脈動レス発電機の「ネオジム磁石ユニット」回転子を澤藤電機の発電機には使えないが、「トルク脈動レス発電機」に使用できて澤藤電機のエンジン発電機EW-400の約17倍の高出力発電機になる。

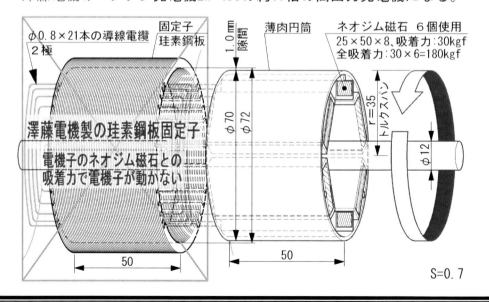

S=0.7

第5章　高出力トルク脈動レス発電機(Ⅱ)

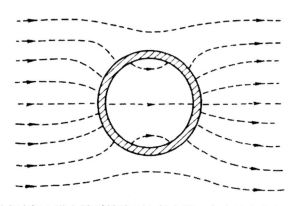

(a) 外部の磁力線が鉄球の内部空間へあまり入らない

図 5-20　磁気遮蔽の模式図(磁石のナゾを解く、中村弘著 p.102 より引用)

【トルク脈動レス発電機を回転させる極小の必要トルク】

　第4章の**写真4-6**と**写真4-7**に見る澤藤電機製「2極自励磁回転界磁形単相交流発電機」の電機子は電磁石ですが、外周の起電コイルを収めている「固定子」は磁性体の積層珪素鋼板です(**第4章の「図4-2　固定子内周のスロット」**参照)。

　仮に、その「固定子」内に本書の組立完了**「ネオジム磁石ユニット」**(図5-18、図5-19)を装着した場合、ネオジム磁石ユニットの吸着力 180kgf(図5-21)によって吸着されますので、これを回転させるガソリンエンジンには、回転半径 3.5cm の薄肉円筒の場合、少なくともトルク 94.5～104.5kgf・cm の負荷が掛かります

　最新のホンダ製スーパーカブ 50 に搭載のガソリンエンジンの最大トルク 39kgf・cm/5,500rpm でも、そのトルクの 41～37%ですので約 59～63%も不足する勘定です。スーパーカブ 90(排気量 109cc)のトルク 87kgf・cm で辛うじてトントン弱です。

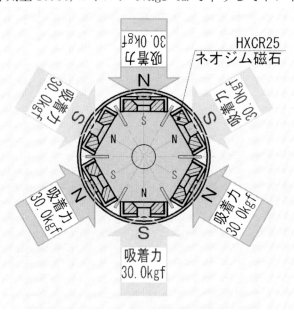

図 5-21　ネオジム磁石ユニットの吸着力の図

第5章 高出力トルク脈動レス発電機（Ⅱ）

コラム
ネオジム磁石の反発力

「トルク脈動レス発電機」のC型テスト機に使用した「ネオジム磁石回転体」2セットの磁石の排列を一方はN極の連続、残りの一方をS極の連続にして発電させるテストをしたところ、磁石をN極→S極→N極→S極に交番排列した場合に比べて発電電圧の12.5％低下を観測しました。

このテストの前に「ネオジム磁石回転体」の直径を小さくしたところ遠心力でベニヤ板製の磁石埋込円板が破損して磁石が飛び散ったために外周に太めの木綿糸を巻き付けて補強した2作目の円板を使用しました。

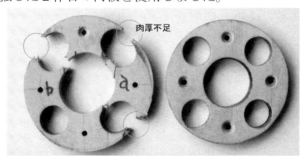

遠心力で破損した回転円板

因みに、使用した吸着力7.74kgfのφ15×10mmのネオジム磁石回転体は、下の写真のようにセットすると、上下互いの反発力で上側の「ネオジム磁石回転体」が50mm持ち上がって宙に浮きます。

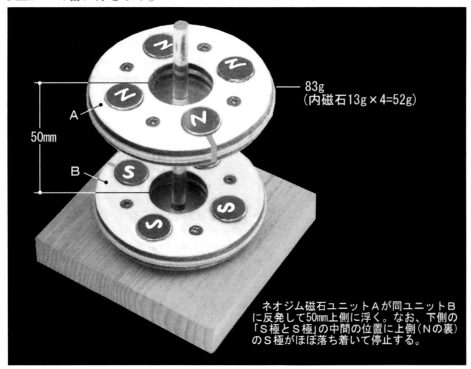

-152-

第5章　高出力トルク脈動レス発電機(Ⅱ)

＊＊＊＊＊＊＊＊＊＊＊＊＊＊＊＊＊＊＊＊＊

　本書の「トルク脈動レス発電機」は、平成26年10月31日に特許出願し、平成28年3月現在「拒絶査定不服審判請求」を起こして係争中です。発明の名称は、「トルク脈動レス発電機で発電した電力を発電機ユニット自体および外部に連続的に給電し続ける電力システム」です。

　審査官の「拒絶理由」および「拒絶査定不服審判請求」についての全容を第2章に紹介してありますが、その拒絶理由の要点は次のようなものでした。

① エネルギー保存の法則に反する
② 特許法第29条第1項柱書に規定する要件を満たしていない
③ 特許法第36条第6項2号に規定する要件を満たしていない
④ 請求項の記述が明確でない
⑤ 明細書に記述の幾つかの文言から判断すると特許の保護に該当しない永久機関である
⑥ 当業者が実施できる説明になっていない
⑦ 拒絶理由通知書にある引用文献から判断して進歩性がない

　これら拒絶理由7項目の内⑦において、「一般的に知られている種々の発電機から、如何なる形式の発電機を採用するかは、当業者が適宜選択し得る設計事項にすぎない。してみると、引用文献1に記載された発明において、周知であるトルク脈動レス発電機を採用し、本願発明となす事は、当業者が適宜なし得る設計事項である。したがって、本願請求項1に係わる発明は、引用文献1に記載された発明及び周知の技術に基づいて、当業者が容易に到達し得るものである」(拒絶理由通知書の原文より)

　としているのですが、審査官による上記文下線部の見解は大間違いであって、審査官の認識不足の最たる判断です。つまり、上記①項目の拒絶理由の第一種永久機関と決めつける予断があって、明細書中に次の①～③を明記しているのにも係わらず、善意の見落としではなく、それを無視した意図的な作文と感じられます。

① 鉄芯を用いない起電コイルを使用する。
② 最大エネルギ積の大きいネオジム－鉄－硼素磁石を使用する。
③ 高速回転するDCモータで発電機のネオジム－鉄－硼素磁石を高速回転させる。

　先ず、本発明に「鉄芯を用いない起電コイル」を使用せずに鉄芯を使用するとどうなるか、特許庁審査官の机上の空論よりも「論より証拠」、本発明に鉄芯の使用は当初から想定していませんので鉄芯に代えて鋼製の六角穴付きボルトを用いた「ダミー コア」(写真5-2, 5-3)を製作し、テストして「制動トルク」を測定しましたので紹介します。吸着力が弱いステンレス製(SUS316L)のボルトは「ダミー コア」に使用不可です。

　敢えてテストするまでもないことながら、強力な「ネオジム－鉄－硼素磁石」が鉄芯を吸着して発電機を駆動するためのDCモータの出力トルクよりも格段に大きな「制動トルク」によって発電機が回転不能になってしまいます。つまり、「トルク脈動レス発電機」の最大特長、DCモータに印加する電力よりも遙かに大きな電力を出力する発電機、それが成立しないのです。

　F型テスト機の上部筐体を取り外してアルミ板製「ダミー コア」を装着した場合、トルク測定バーの位置5cmで「手はかり」の表示荷重値が450gを示し、「ダミー コア」12個では2倍の900gですからその制動トルク(負荷)は、4,500gf·cmになります(写

第5章　高出力トルク脈動レス発電機(Ⅱ)

真5-3)。その値は、ＤＣモータの適正負荷トルク200gf・cmの**22.5倍**になりますのでこのＤＣモータで駆動させるのは全くの出力不足であり、ＤＣモータのコイルが焼けてダウンしてしまいます。発電機の起電コイルに鉄芯を使用するのは、「**百害あって一利なし**」なのです。別言しますと、この発明の「**トルク脈動レス発電機**」は「**鉄芯レス起電コイル**」あっての産物です。

ちなみに、「**トルク脈動レス発電機**」Ｆ型テスト機の場合、「ネオジム－鉄－硼素磁石」と「鉄芯」との吸着がありませんから回転体の慣性質量(250.0g)の偶力による負荷のみであり、滑らかに回転しますので正に「**トルク脈動レス**」です。

Ｆ型テスト機の回転数は、11,100rpmですので、ＤＣモータ適正負荷トルク200gf・cm時の適正回転数14,400rpmに対して両者の比は0.77：1になります。Ｆ型テスト機は、ＤＣモータの適正負荷の23％しか消費しないのです。

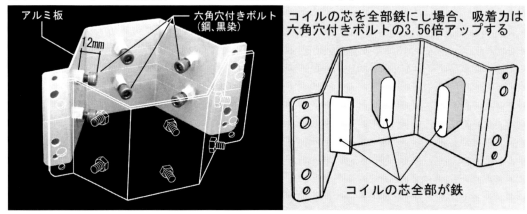

写真5-2　ダミーコア(下部筐体のコア6個もプラスされて合計12個になる)

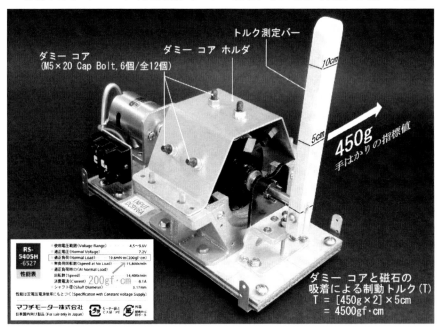

写真5-3　トルク脈動レス発電機に据え付けたダミーコアおよびトルク測定バー

第5章　高出力トルク脈動レス発電機(Ⅱ)

　また、起電コイルに鉄芯を使用しない本書の「**トルク脈動レス発電機**」では、磁石と鉄による吸着力が掛かりませんので「ネオジム磁石ユニット」の自重 0.548kg による偶力のみの負荷(トルク換算で約 1.426kgf・cm)で済みます。

　澤村電気工業㈱製の駆動用ＤＣモータ、モデル SS60E6 のトルク 0.98N・m(10kgf・cm)を「**トルク脈動レス発電機**」を使用した場合には 7 倍のトルクですから、あり余る強力パワーです。つまり、鉄芯ありコイルを使用した市販の従来型発電機は、不必要な馬力のエンジンを使用せざるを得ない方式と言えます。

　因みに、吸着力 180kgf の「ネオジム磁石ユニット」を市販の従来型発電機に当てはめた場合、積層珪素鋼板製固定子と永久磁石方式電機子間の放射状の吸着力を振り切って回転させる力は、その吸着力 180kgf の 15～16.66%として計算しています。その理由は、吸着力 30kgf のネオジム磁石 1 個を使用して、起電コイルと「ネオジム磁石ユニット」の薄肉円筒外径との隙間に相当するφ1.0mm の銅線で両者を縛り、手はかりで引っ張った時の荷重が 4.5～5kgf でした(**写真 5-4**)。電機子を回転させる最小限の力は、ネオジム磁石ユニットの全吸着力の 15～16.6%が必要です。

実験よるネオジム磁石と軟鉄ホルダの滑り荷重 4.5～5kgf／1 個
↓
ネオジム磁石ユニットの全吸着力 ： 回転トルク＝1 ： 0.15～0.166

　その吸着力を振り切って回転させる 4.5～5kgf の力は、そろそろと回転し始める必要最小限の力であり、回転数を 3,500～5,000rpm に上げ、更に電力消費の負荷が掛かった時には 16.6%を超えて約 30%が必要になる勘定です。

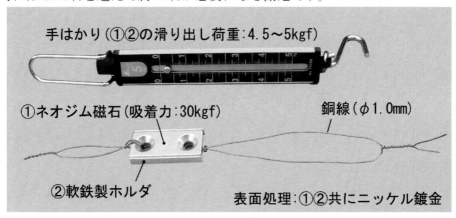

写真 5-4　ネオジム磁石と軟鉄ホルダの滑り荷重の引っ張り実験

【トルク脈動レス発電機の起電コイルの耐振動構造】

　「トルク脈動レス発電機」のテスト機を高速回転するＤＣモータで駆動させる実験では、凄まじい振動で部品を締結しているねじが緩み、ディスク型カップリングのカーボン繊維(t=0.3mmm)板が砕け散り、深溝玉軸受が保持部から抜け出して回転軸が脱落し、ネオジム磁石 2 個が飛び出した事故を見てきました。

　回転する「ネオジム磁石ユニット」の耐振動対策は言うまでもなく、「起電コイルユニット」と「ネオジム磁石ユニット」間の隙間は 1mm と狭いので筐体に固定されている「起

第5章 高出力トルク脈動レス発電機（Ⅱ）

電コイルユニット」が振動で緩んで芯振れして回転している「磁石ユニット」に接触することがないようにする対策も不可欠です。

「**起電力 19 倍ＸＬ型トルク脈動レス実用発電機**」の起電コイルユニットのジュラルミン製コイル保持ブロックは、端部軸受ホルダの印籠底に「H7/p6 の嵌め合い」で圧入して六角穴付きボルト6個で堅固に固定されます。6個の起電コイルは、コイル保持ブロック横梁の内周側の「突起」で受け、外周部はコイル押さえプレートとコイル押さえ円板で押さえられる全方位耐振動構造にしてあります（図 5-22）。

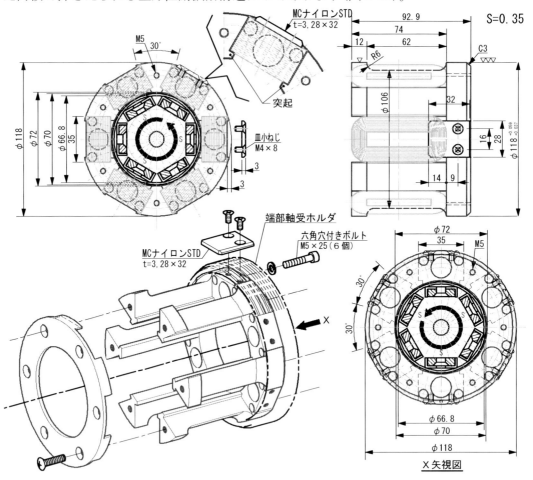

図 5-22 起電コイルユニットのコイル保持ブロック

5.6 一般家庭向け自家発電の時代

再生可能エネルギの一つ、太陽光発電パネルの設置には広い敷地が要り、パネルの費用も「償却年数と寿命」の点で採算がとれるかの問題点があります。

「**起電力 19 倍トルク脈動レス実用発電機**」は、リチウム イオン蓄電池との組合せによって狭い場所に設置でき、充・放電 4000 サイクル（寿命約 10 年）の廉価な自家発電による自前の電力を利用することができます（図 5-23、図 5-24）。

第5章 高出力トルク脈動レス発電機（Ⅱ）

== コ ラ ム ==

トルク脈動レス発電機とジェット機の設計思想

2004年4月号月刊エアラインに掲載の3発機の推力重量比が下記の如く
・Boeing727：推力 43,500lb/最大離陸重量 172,000lb=0.253
・Lockheed L-1011：推力 126,000lb/最大離陸重量 430,000lb=0.293
・McDonnell Douglas MD-11：推力 180,000lb/最大離陸重量 602,500lb=0.298
約0.3以下に収斂しているのは航空機の設計思想の定石。これが「トルク脈動レス発電機」の設計にも通じている。

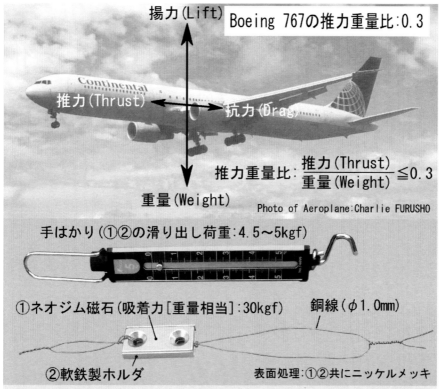

　ジェット輸送機の推力は、機体重量の30％とされているが、重量物相当の軟鉄製ホルダ付きネオジム磁石の軟鉄製ホルダと磁石のそれぞれに銅線を括り付けて片方を固定し、他方に手はかりを掛けて水平方向に移動させる最小限の力は、床材相当の②・重量物相当の①共に表面がNiメッキ状態の場合4.5～5kgfが観察された。吸着力30kgfとの比は15～16.6％になる。

　「トルク脈動レス発電機」の磁石ユニット回転体にこのネオジム磁石を使用した場合、ソロリソロリと回転し始めて回転数3,500～5,000rpmに達し、負荷をかけて発電電流が流れると（実際には瞬時に）15％以上のトルクが必要になる。負荷の大きさにもよるが、奇しくも設計思想の根は同じ、ジェット輸送機の推力重量比「30％」が当てはまる。

実験年月日：2016.4.7

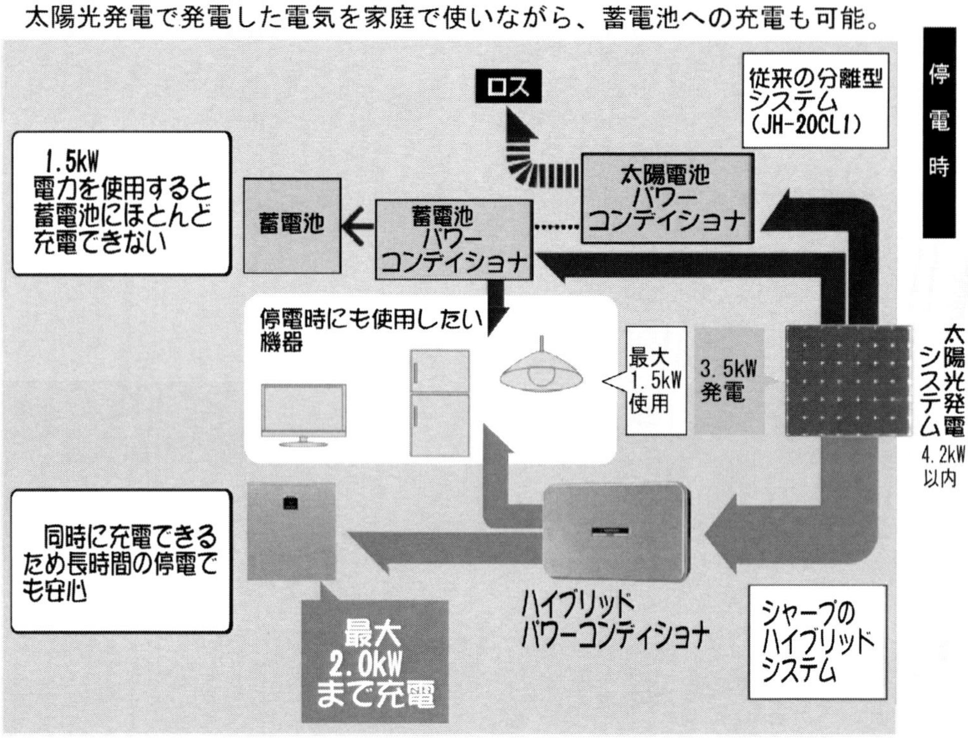

第5章　高出力トルク脈動レス発電機(Ⅱ)

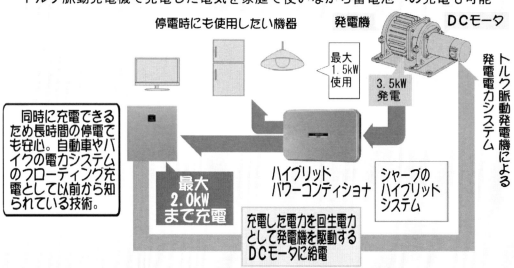

図5-23　シャープのハイブリッド パワー コンデイショナ(同社のH/Pageから引用・リメイク)

図5-24　ハイブリッド パワー コンデイショナを利用したトルク脈動レス発電機の
電力システム(図5-23を再リメイク)

　自動車やバイクの電力システムは、内燃エンジンの回転力でオルタネータを回して発電し、フローティング充電方式でバッテリに充電すると共に電装機器の電源として

-158-

第5章　高出力トルク脈動レス発電機（Ⅱ）

利用できますが、その電力は内燃エンジンに使用する化石燃料に代わるエネルギ源ではありませんので、オルタネータによる発電電力および蓄電電力を「**エネルギ源**」として内燃エンジンに利用することは不可能です。つまり、燃料タンクが空になると電力システムも途絶えてしまいます。

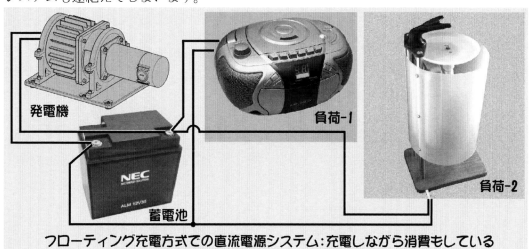

図5-25　フローティング充電の模式図

　本書の「トルク脈動レス発電機とリチウム イオン蓄電池との組合せ」を特徴とする電力システムは、使っても減らない「無限の磁気エネルギ」を高効率で取り出して電力に変換して蓄電池に充電し、家電に使用し、また、その発電電力の一部を回生利用してフローティング充電方式（図 5-25）で蓄電池に充電しながらＤＣモータに給電し続けますのでリチウム イオン蓄電池の寿命の 10 年間（4,000 サイクル）休まずに稼働し続けます。

　この電力システムは、内燃エンジンの動力で発電機を回して燃料タンクのガソリンや軽油などが空になるまでの間だけ発電する電力システムとは全く別モノであり、「新世紀の電力システム（PEPSS：PermaELECTRIC Power Supply Systems）」です（図 5-26）。

　また、C'est **PermaELE**CTRIC Power Supply Systems＋**Qu'**est-ce que c'est? を省略・合成した「PermaELEQui」（パーマエレキ）[C]にして呼びやすい造語にしました。

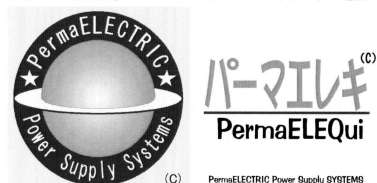

図5-26　新世紀の電力システム PEPSS(PermaELECTRIC Power Supply Systems)[C] および
　　　　省略・合成形造語の「PermaELEQui」（パーマエレキ）[C] の商標

-159-

第5章　高出力トルク脈動レス発電機(Ⅱ)

= コ ラ ム =

「気」―ネオジム磁石の磁気がおよぶ範囲―

　ネオジム磁石の強力な磁力はどの程度なのか？それを目視で確かめるテストをしたところ、身長165cmの筆者の両手指を拡げた距離の42cmにほぼ相当するネオジム磁石Aとネオジム磁石Bとの距離40cmから作用し始めた。

　1袋30kgの米袋の重さに相当する吸着力のネオジム磁石を扱う時には、腕時計や磁気カードを近づけるのは危険。指を挟まれると皮膚の裂傷は明らか、それに骨折しかねない。光は見えるが磁気は、「気」で言う「目に見えない自然界のパワー」のひとつ。他の「気」もある。

　友人氏が曰わく。筆者に「霊を信じるか？」を聞いた。と言うのは、「寺の本堂で尊師の勧めで太鼓を叩いていたら、単調だった音が突然に轟音となって響き、ガラス窓が音もなく開き、靄のような白い流れが外に出て行った」。尊師曰わく、「あなたに取り付いていた霊は出て行きました」。「その後、服用していた9種類もの薬を止めてみた所為なのか知れませんが、一年前からの脊椎管狭窄症と言われた身動きするのも辛い激痛が消えていました」。また、「私の握り拳に尊師が手を翳して『開いてみなさい』と言われましたが、全く開くことがきませんでした」。「気を入れました」との一言。「何故なのか未だに分かりません、不思議な体験でした」。

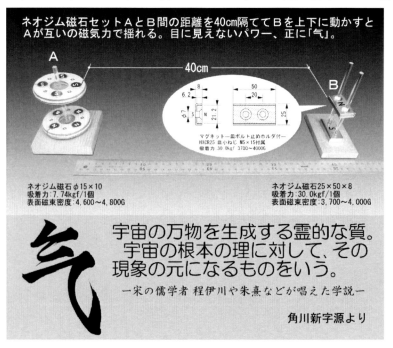

-160-

第5章　高出力トルク脈動レス発電機（Ⅱ）

5.7　PEPSSの電力革命時代

　PEPSSは、「これはなんですか」（*Qu' est-ce que c'est?*）との問に「（それは）パーマネント エレクトリック パワー システムです」（*C'est **P**erma**ELECTRIC** **P**ower **S**upply **S**ystems*）と答えた英・仏混合文章の前と後を入れ替え、**太字**の部分を合成して発音し易くしました。

　略して**語呂**の良いPEPSSとした合成語の語尾に、このシステムを採用した自動車、船舶（漁船、プレジャーボート、客船、航空母艦、巡洋艦、潜水艦）、列車（機関車）、建設機械（パワーショベル、ブルドーザ）などを続けるとスマートな名称になります。

・自 動 車　**PEPSS-Vehicle**（ペプス-ビークル）
　　　　　　PEPSS-Bus（ペプス-バス）
　　　　　　PEPSS-Truck（ペプス-トラック）

　新世紀の電力システムPEPSSの最も身近な利用例は、乗用車への搭載です。ハイフリッドカーや電気自動車に見られるインフラストラクチャーに容易に組み込むことができるからです。電気自動車では夜間の商用電力を使用して充電できるとしても、充電できる場所に制約がありますので「いつでも、何処でも、手軽に充電！」とはいきません。

　ハイフリッドカーは、ガソリンエンジンと電動機の併用ですから、化石燃料のガソリンを消費しますし、排気ガス排出の呪縛から逃れられません。

　トラックやバスへの利用も時間の問題ですし、リチウム イオン蓄電池の搭載スペース確保も容易です。

図5-27　PEPSS-Vehicle（ペプス-ビークル）が走る中央高速道路

第5章　高出力トルク脈動レス発電機（Ⅱ）

図5-28　Elvis Presley(1935-1977)のためにVirgil Max Exnerがデザインした特注車

　この画は、1966年頃のアメリカのカー雑誌記事を見てリメイクしたDUESENBELGのハイライト レンダリングです。Webを検索しても載っていないこの車を復元して**PEPSS**を組み込んでみるのも楽しいものです。

・船舶 **PEPSS- Fishing boat**（ペプス漁船）

写真5-5　操業中のイカ漁船用PEPSS電力システム搭載のイメージ

-162-

第5章　高出力トルク脈動レス発電機（Ⅱ）

　漁船の中で最も電気を消費するイカ漁船ですが、集魚用裸電球にはメタルハライドランプが使われています。水銀とハロゲン化金属（メタルハライド）の混合蒸気中のアーク放電による発光を利用した高輝度、省電力、長寿命のランプです。LED 灯の普及でサンマ漁では 2008 年頃から LED 灯への置き換えが進んでいるものの、2010 年現在イカ漁船では 640 万円もの費用が掛かるためにメタルハライドランプが主流です。

図 5-6　操業中の乗り合いイカ釣り船用 PEPSS 電力システム搭載のイメージ

図 5-7　係留中のイカ漁船

-163-

第5章　高出力トルク脈動レス発電機（Ⅱ）

PEPSS-Pleasure boat（ペプス-プレジャーボート）

図5-29 プレジャーボート用の動力モータとPEPSS電力システ搭載のイメージ

・**PEPSS-Submarine（ペプス サブマリーン ）**

　潜水艦の動力は元々ディーゼルエンジンと蓄電池併用のハイブリッドでしたが、原子力になってからは排気ガスが出ない上に燃料補給無しで2年間もノンストップ航行できます。しかし、タービンを回す主機関が原子炉による水蒸気圧を使用するので安全性の点で危険がいっぱいで、原子炉が故障したら大惨事になります。無公害・無給油・連続運転ができる**PEPSS-Submarine**は、理想的な動力・電力システムです。

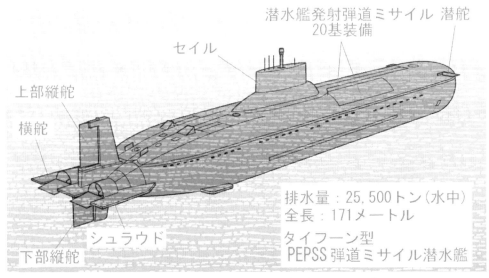

図5-30 PEPSS電力システム採用潜水艦のイメージ

第5章　高出力トルク脈動レス発電機（Ⅱ）

・空母 PEPSS-Aircraft carrier（ペプス空母）

図5-8 護衛艦「いずも」型電動推進ヘリ空母のイメージ

第5章　高出力トルク脈動レス発電機(Ⅱ)

PEPSS-Battle ship and Passenger ship etc.（ペプス船艦, 客船 etc）

　船舶に電機推進が採用されたのは、世界初のダイムラーの単気筒ガソリン エンジンが開発された1885年を経た11年後の1896（明治29）年に誕生した4気筒ガソリンエンジンと同年に、シーメンスが5馬力のＤＣモータと 120Ah の蓄電池で小舟のスクリュー プロペラを800rpmで回して11km/hの速度で航走させた時に始まると言われています。船艦や空母も建造されたのには驚きます。

　この年に第1回オリンピックがアテネで開催されましたことから、これに因んで1896は「**電気推進船開発の元年**」と言えます。

　デジタル造船資料館所蔵「船の科学」(1988-4 Vol.41 No.4～1988-6 Vol.41 No.6) 森田 豊著を参考にしてて電気推進船の概略史を紹介します。

【アメリカの電気推進船】

1915（大正4）年　アメリカ合衆国戦艦「カリフォルニア」、GE式誘導電動機 7,500PS×4基、最大速度22ノット/36,000PS。

1918（大正7）年　アメリカ合衆国戦艦「ニューメキシコ」、電動機 29,000PS/、最大速度21ノット、排水量 32,000トン。

写真5-9　アメリカ合衆国の電動推進戦艦ニューメキシコ

1927（昭和2）年　アメリカ合衆国航空母艦「レキシントン」、電動機 45,000PS×4基、最大速度 33.7ノット/180,000PS、排水量 43,500トン。

1927（昭和2）年　アメリカ合衆国商船「カリフォルニア」、電動機 45,000PS×4基、最大速度33.7ノット/180,000PS、排水量 21,000トン。

1928（昭和2）年　アメリカ合衆油槽船「フランス ウィック」、ＤＣ電動機 2,800PS×1基、12,500 積載トン。

第5章　高出力トルク脈動レス発電機(Ⅱ)

【イギリスの電気推進船】

1911(明治44)年　試験船「エレクトリック　アーク」。

1913(大正2)年　電気推進船「不詳(アメリカの五大湖で就役)」、周波数の異なる交流発電機2基＋独立の極数の巻線を持つ電動機1基。

1918(大正7)年　電気推進船「ウィスティ　カッスル」、全長350ft(106.4m)、6,000積載トン。

1921(大正10)年　果物運搬電気推進船「サベント」、全長325ft(98.8m)、軸出力2500PS。

1924(大正13)年　電気推進船「シテイ　オブ　ホンコン」、18,480積載トン、軸出力1300PS。

1929(昭和4)年　優秀旅客汽船「ヴィスロイ　オブ　インディア」、19,700トン、軸出力8,000PS×2基。

【フランスの電気推進船】

1932(昭和7)年　客船「ノルマンディ」、全長1,027ft(98.8m)、3相同期電動機 出力40,00PS×4基、75,000総トン。

1942(昭和17)年　ターボ電気推進客船「KAIROUAN」、全長1,027ft(98.8m)、交流電動機出力24,00PS×1基、8,300排水トン。

【日本の電気推進船】

1920(大正9)年　ターボ電気推進貨物船「美洋丸」、巻線型3相誘導電動機出力1,300PS×2基。

1921(大正10)年　トロール船「マリナ丸」、推進用電動機 出力400PS、トロール用電動機出力100PS。

1922(大正11)年　ターボ電気推進特務艦「神威」、巻線型3相誘導電動機 出力4,000PS×2基、排水量19,550トン、速度15ノット、重油積載量10,000トン

1924(大正13)年　ターボ電気推進貨物船「一陽丸」、巻線型3相誘導電動機 出力4,000PS×2基、4,273.52総トン。「美洋丸」と同じ推進方式。

1936(昭和11)年　ディーゼル電気推進曳船「住吉丸」、直流他励式電動機出力400PS×2発電機用原動機500PS、励磁電源用発電機25kW×2基152.27総トン。

※1:船舶は大容量の蓄電池を積む「自由度」が大きく、正に **PEPSS-Vessel** は PEPSS の大得意様ですし、**PEPSS-Fishing boat** が「油代ナシ(燃料費ゼロ)」で操漁できるメリットは、漁業者だけに止まらず一般消費者には廉価な「お魚」を提供できます。

　また、**PEPSS-Aircraft carrier**、**PEPSS-Cruiser** および **PEPSS-Submarine** などの燃料費削減において国防予算を削減でき、国家の1,000兆円を超えた累積債務を減らす施策に大きく貢献できます。

※2: 鉄道の場合、「有効積載量」確保の観点から、客車毎に蓄電池を積むのではなく、現行の「ディーゼル機関車」に倣って「機関車」に一括して搭載するのが良策と思います。

※3:二酸化炭素と窒素酸化物をまき散らして走る自動車は、**PEPSS-Vehicle** に切り替えることで有限な化石燃料を徒に燃やさずに、石油化学生産物の有効利用に振り向けられますし、地球温暖化にブレーキをかけることができます。

第6章 19倍出力トルク脈動レスＸＬ型発電機の設計

6.1 多極コアレス起電コイルの特質

　本書の「トルク脈動レス発電機」は、鉄芯の無い「コアレス起電コイル」を使用しているために「ネオジム磁石ユニット」の強力な吸着力による抵抗を受けず滑らかに回転し、発電機を駆動させるＤＣモータに負担をかけずに稼働させることができます(図 6-1)。

　しかも複数(多極)の「**コアレス起電コイル**」を使用していますので、そのコイルの巻数を変えて出力電圧を調整して取り出すことができます。

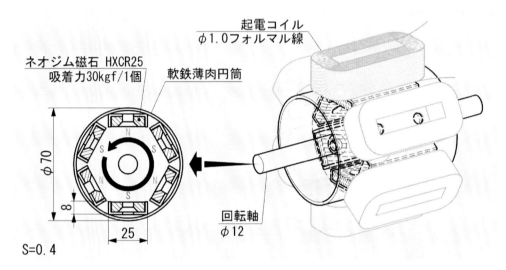

図 6-1 ＸＬ型発電機のコアレス起電コイルと強力ネオジム磁石

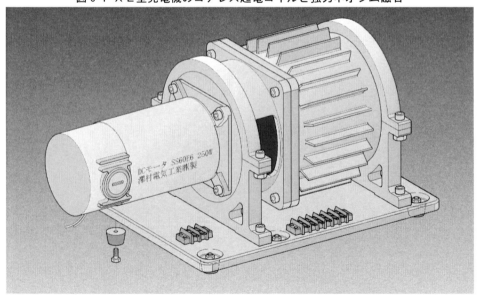

図 6-2 19倍出力トルク脈動レスＸＬ型発電機の外観

第6章 19倍出力トルク脈動レスＸＬ型発電機の設計

6.2 ＸＬ型発電機の組立図と構成部品表

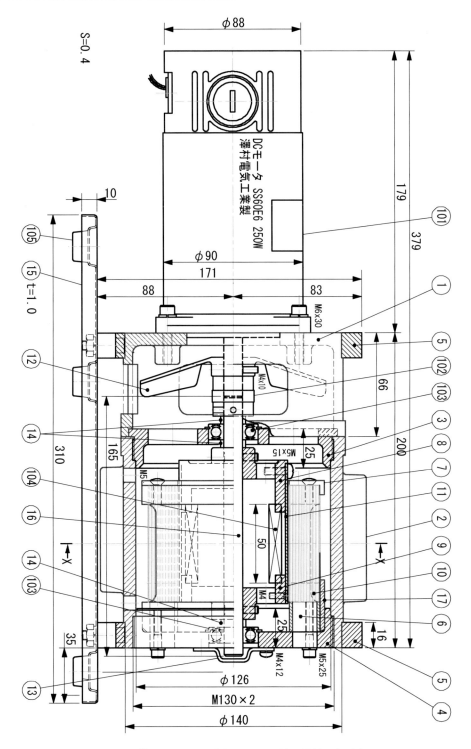

図6-3 19倍出力トルク脈動レスＸＬ型発電機の組立側面図

-169-

第6章　19倍出力トルク脈動レスＸＬ型発電機の設計

A　製作部品
19倍出力トルク脈動レス発電機の部品表

番号	部品名称	個数	図面番号	材質・表面処理など
1	モータ取付フレーム	1	UTIL-ALT-0001-1	ジュラルミン鋳物
2	ケーシング	1	UTIL-ALT-2003　※	ジュラルミン鋳物
3	モータ側軸受ホルダ	1	UTIL-ALT-0005	ジュラルミン鋳物
4	後部軸受ホルダ	1	UTIL-ALT-2005	ジュラルミン鋳物
5	据付フレーム	2	UTIL-ALT-0004	ジュラルミン鋳物
6	コイル保持ブロック	1	UTIL-ALT-2006改 ※	ジアリルフタレート樹脂(PDAP)
7	コイル押え円板	1	UTIL-ALT-2007改 ※	フッ素樹脂プレート
8	軟鉄ヨーク芯	1	UTIL-ALT-2008-1 ※	加工後黒染め処理
9	端部ヨーク	1	UTIL-ALT-2008-2 ※	加工後黒染め処理
10	起電コイル	6	UTIL-ALT-2010　※	巻線業者に製作依頼
11	軟鉄円筒	1	UTIL-ALT-2011　※	引抜鋼管φ70/t=2.6
12	冷却ファン	1	UTIL-ALT-0016	ジュラルミン鋳物
13	後部カバープレート	1	UTIL-ALT-2013　※	SPC
14	カラーＡ t=5	3	UTIL-ALT-0013-1	PISK16-12-30 をt=5に追加工
15	ベース板	1	UTIL-ALT-2015　※	プレス加工、黒色焼き付け塗装
16	回転軸(φ12×165)	1	UTIL-ALT-0001-3 ※	SSFJ12-165(ミスミ)
17	コイル押さえプレート	6	UTIL-ALT-2006改-2 ※	MCナイロンSTD

※：図面番号の末尾番号2000〜2015は「3＋α」機用の専用部品

B　購入部品

番号	部品名称	個数	材質・メーカー	型式 または サイズ
101	DCモータ DC12V 250W	1	GPP-ALT-1001	澤村電気工業㈱ SS60E6
102	オルダム カップリング	1	GPP-ALT-1002	ミスミ MCOG26-12-12
103	深溝玉軸受 止め輪付きシールド形	2	GPP-ALT-1003	市販品 6201ZNR
104	マグネット	6	GPP-ALT-1004　※	ミスミ HXCR25(皿ボルト止めホルダ付き)
105	端子台 6P	2	GPP-ALT-1005-1	
	端子台 2P	1	GPP-ALT-1005-2	
106	ゴム底脚　KG-200	4	市販品	φ20xt12
	キャップボルトM6x30	4	市販品	FW, SW, Nut付き モータ取付用
	キャップボルトM6x25	10	市販品	FW, SW付き コイル保持BLK取付用
	キャップボルトM6x22	4	市販品	FW, SW, Nut付き ケーシング取付用
	皿小ねじM5x15	6	市販品	コイル押さえ円板取付用
	皿小ねじM4x8	12	市販品	コイル押さえプレート取付用
	なべ小ねじM5x12	3	市販品	SW付き 軟鉄円筒前用
	なべ小ねじM4x12	4	市販品	SW付き 後部カバー取付用
	六角穴付き止めねじM5x10	6	市販品	軟鉄ヨーク芯用
	六角穴付き止めねじM4x10	2	市販品	冷却ファン取付用

　前第5章「高出力トルク脈動レス発電機(Ⅱ)」では、市販の「エンジン発電機の紹介と分析」がてら「起電コイル1個当り起電力3倍トルク脈動レス実用発電機」の性能を開示してきました。

　また、構成部品の幾つかは、前第3章の「花弁形高出力起電コイル仕様モデル」の主要な製作図面の共用もあり、「あちらを見よ！ こちらを見よ！」となって、一括・一望に難がありましたので本機製作時の利便性を考慮して前第3章および第5章の「製作図面一式」を一括して収録しました。

　このモデルは、量産・販売を前提としていますために主要部品に「ジュラルミン鋳物」を使用していますのでＤＩＹには向いていません。

第6章　19倍出力トルク脈動レスＸＬ型発電機の設計

6.3 部品図面の索引用ＸＬ型発電機の分解イラスト

　設計図定番の図示法（三面図）の一部、側面図のみでは開示しきれない構成部品は、設計図に加えた筆者の労苦ですが、テクニカル イラストレーション化すると素人のみならず設計者にも重宝しますので、それをこれまでも使用してきました。

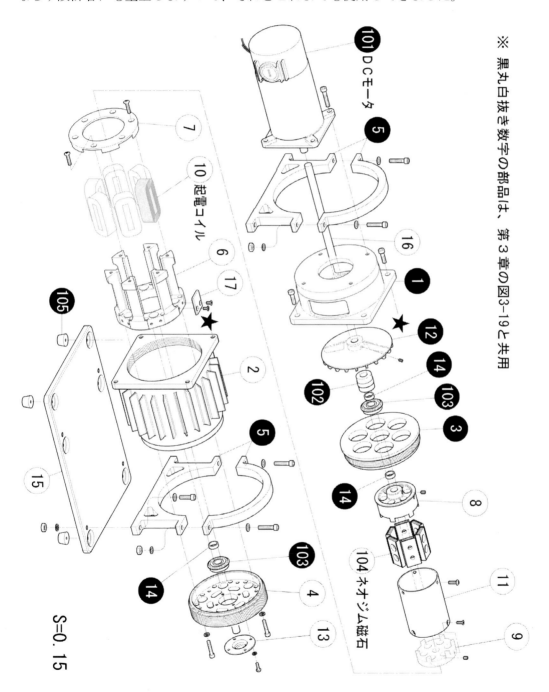

図6-4 19倍出力トルク脈動レスＸＬ型発電機の分解イラスト

-171-

第6章　19倍出力トルク脈動レスXL型発電機の設計

6.4 製作部品

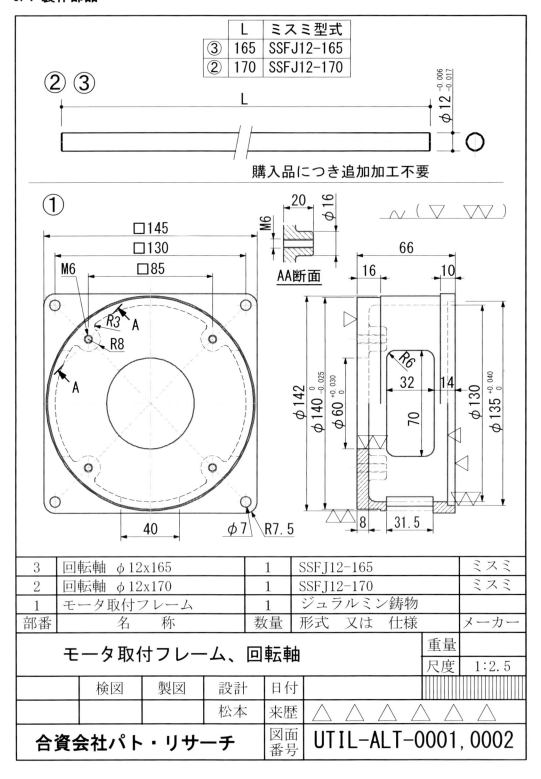

第6章　19倍出力トルク脈動レスＸＬ型発電機の設計

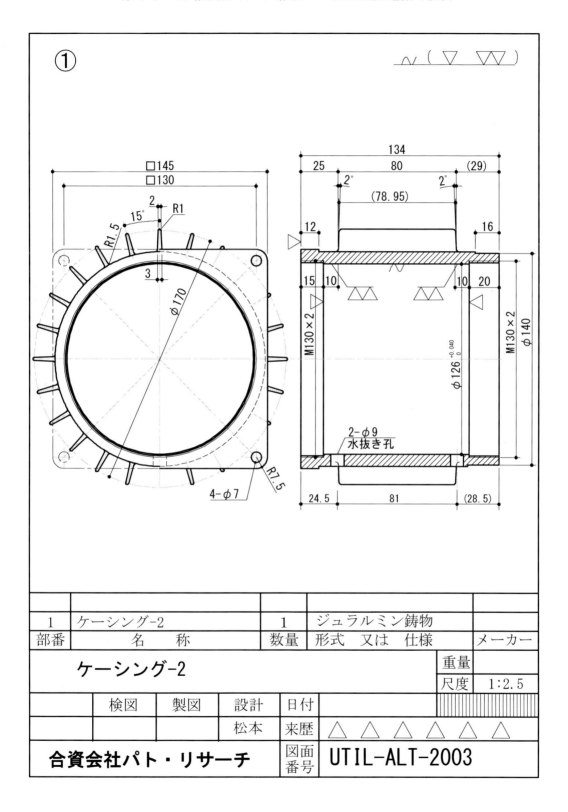

第6章　19倍出力トルク脈動レスＸＬ型発電機の設計

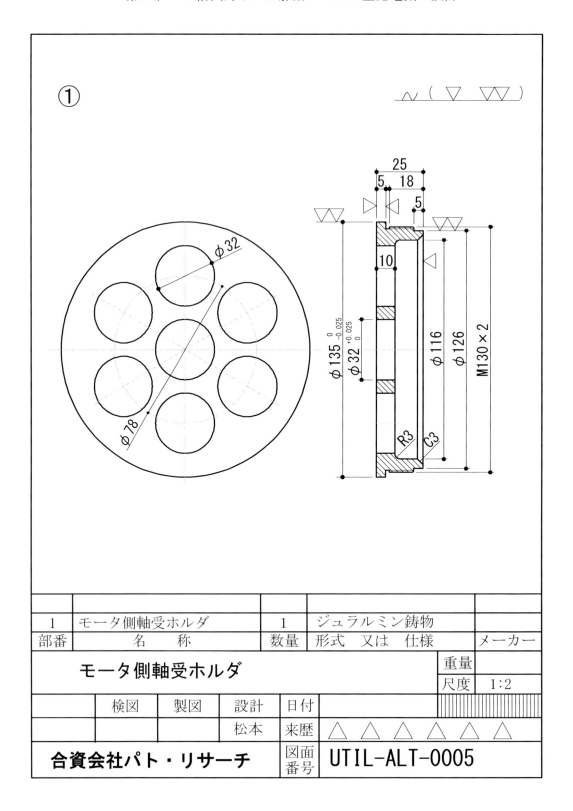

第6章　19倍出力トルク脈動レスＸＬ型発電機の設計

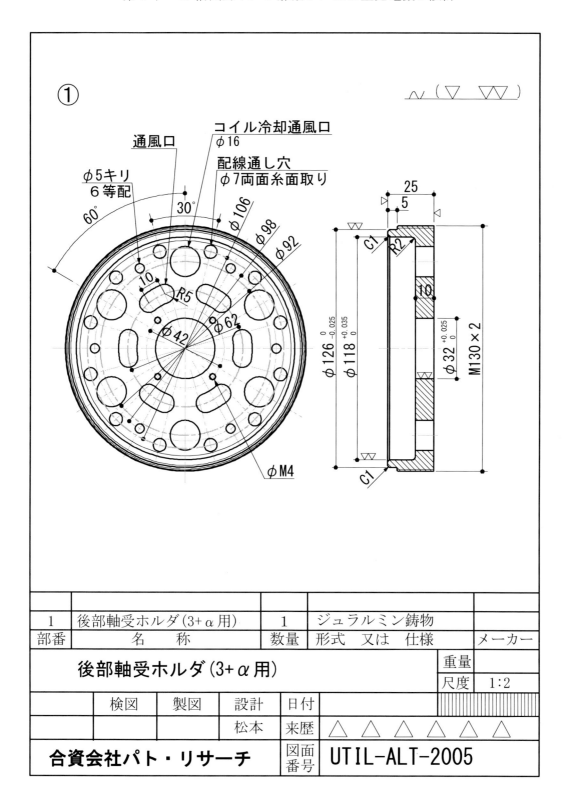

第6章　19倍出力トルク脈動レスＸＬ型発電機の設計

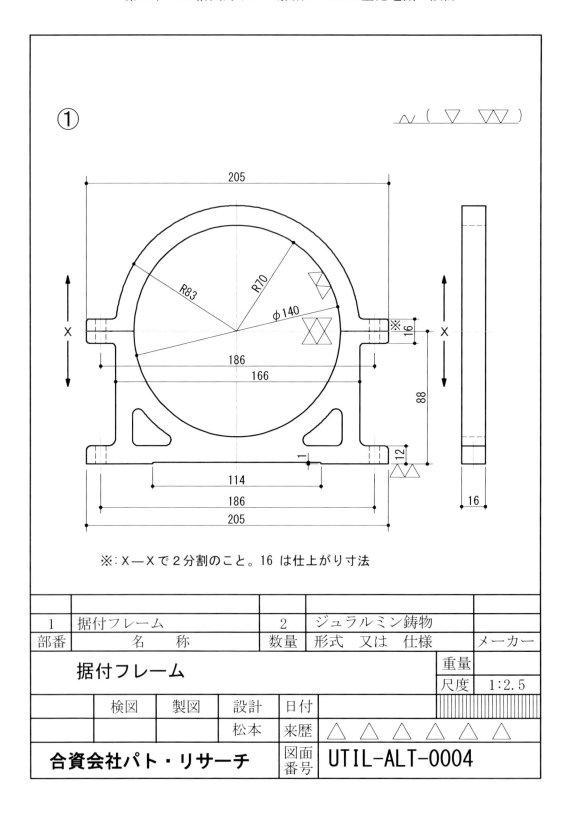

第6章　19倍出力トルク脈動レスXL型発電機の設計

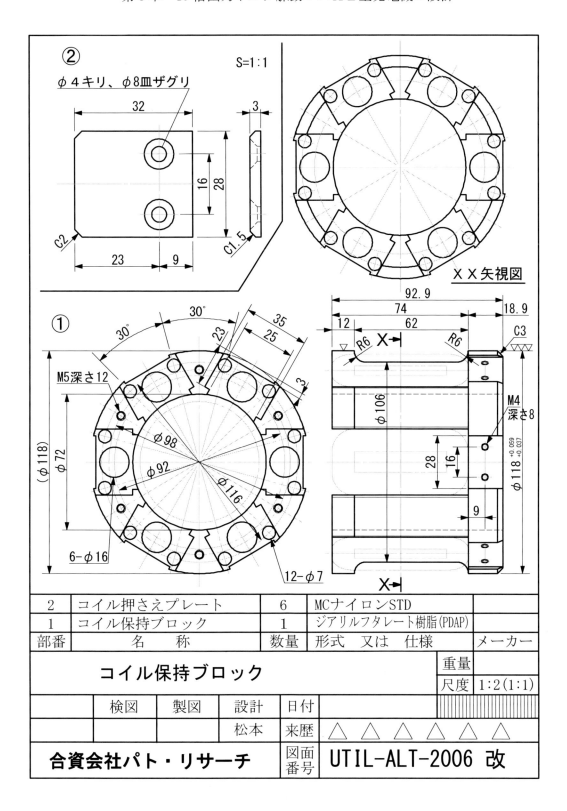

第6章　19倍出力トルク脈動レスＸＬ型発電機の設計

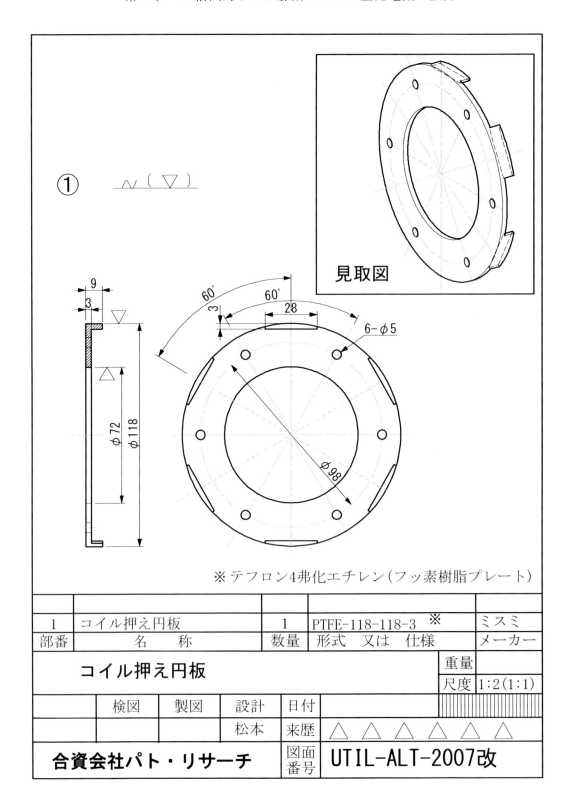

第6章　19倍出力トルク脈動レスＸＬ型発電機の設計

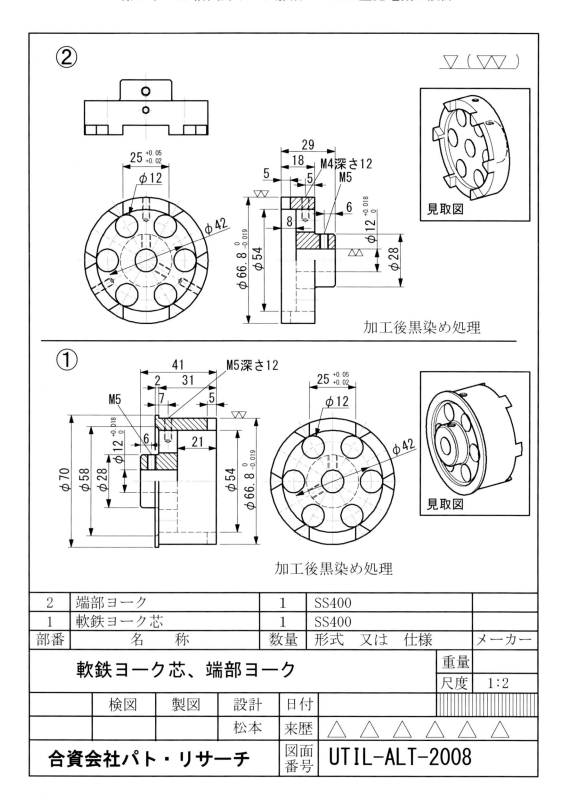

第6章　19倍出力トルク脈動レスＸＬ型発電機の設計

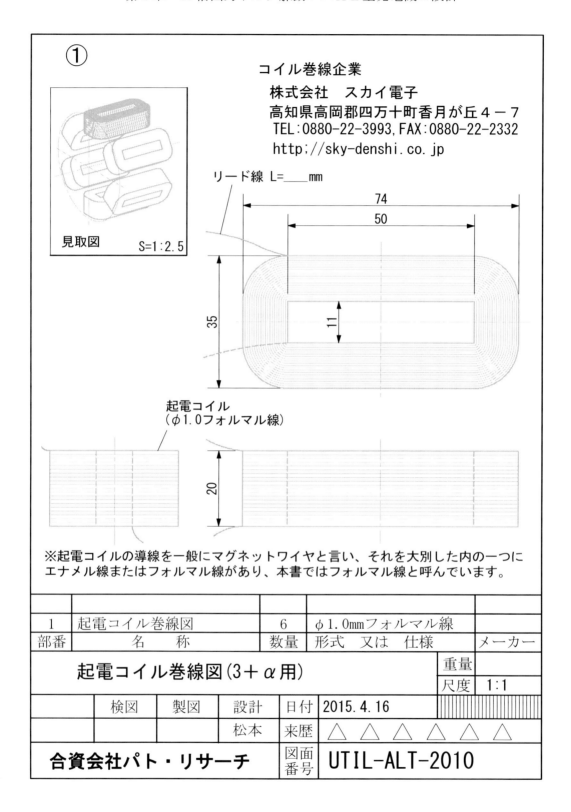

第6章　19倍出力トルク脈動レスＸＬ型発電機の設計

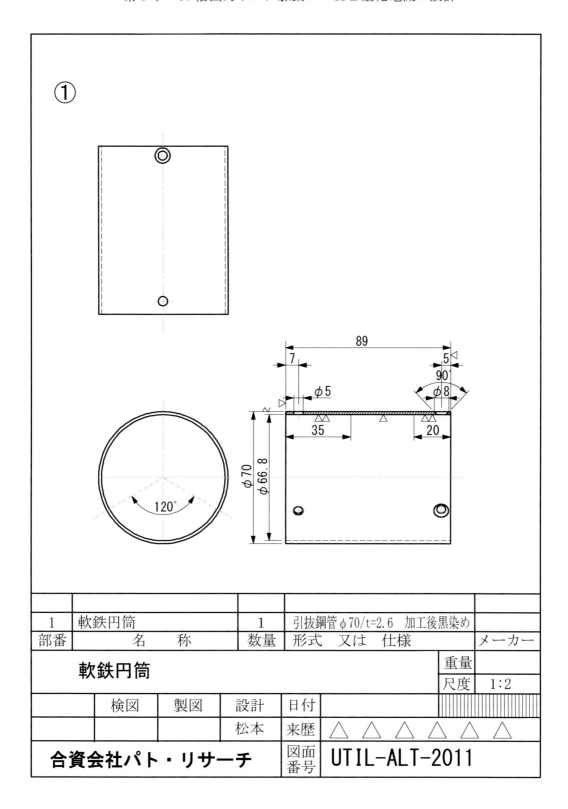

第6章　19倍出力トルク脈動レスＸＬ型発電機の設計

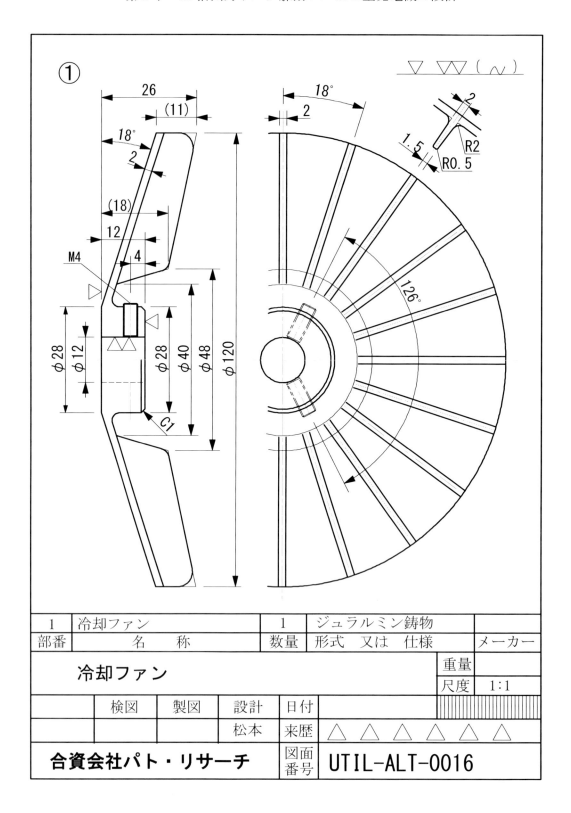

第6章　19倍出力トルク脈動レスXL型発電機の設計

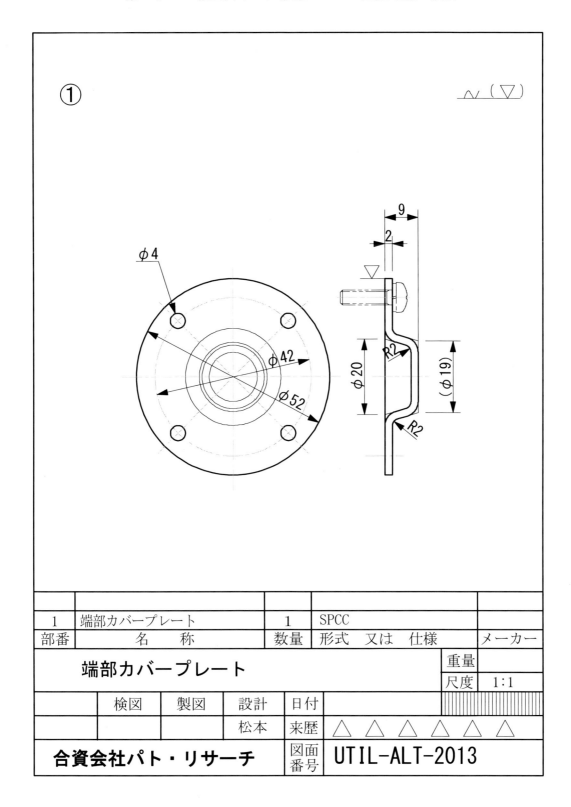

第6章 19倍出力トルク脈動レスＸＬ型発電機の設計

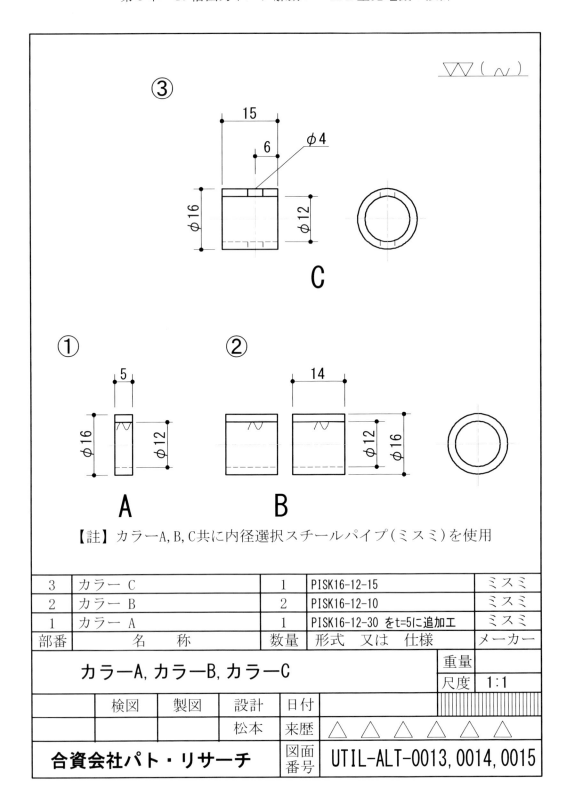

第6章　19倍出力トルク脈動レスＸＬ型発電機の設計

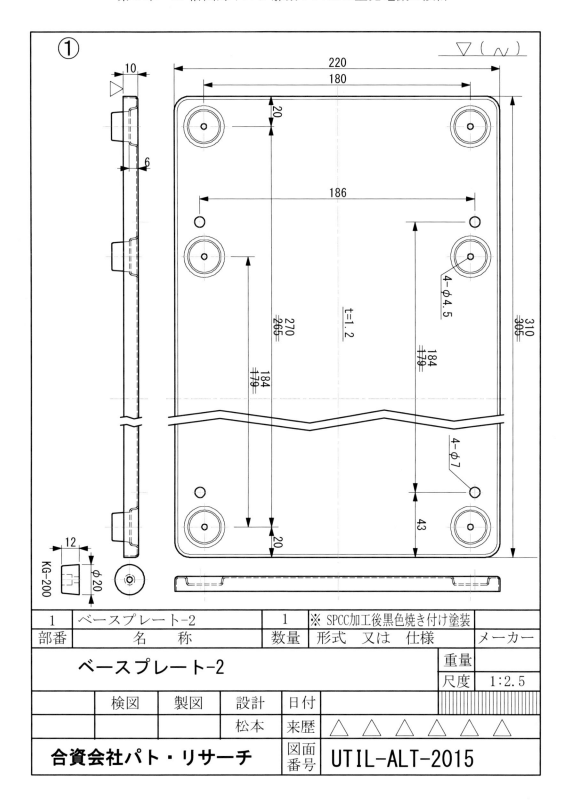

第6章 19倍出力トルク脈動レスＸＬ型発電機の設計

6.5 購入部品

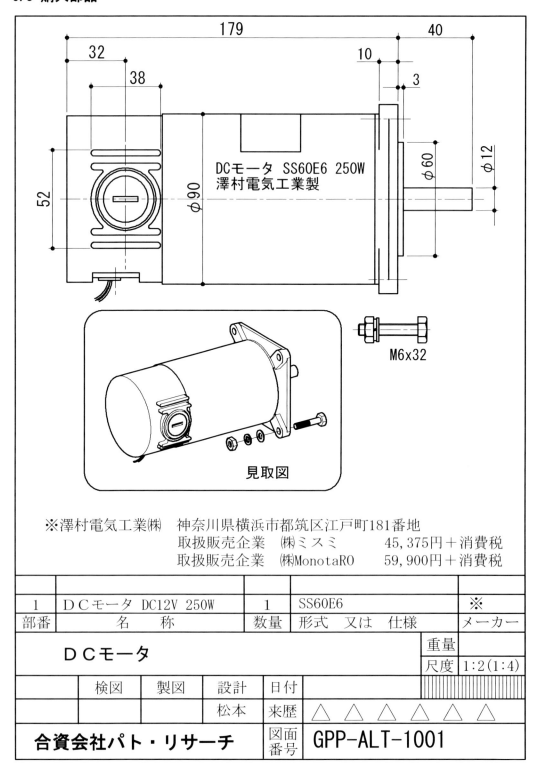

第6章　19倍出力トルク脈動レスＸＬ型発電機の設計

　第3章で触れましたが、澤村電気工業㈱の製品は、特約販売店が Web に見あたらず、㈱MonotaRO の H/P に記載されているのを探し当てました。本書の「トルク脈動レス発電機」用に選択したモデル SS60E6 DC12V 入力、250W 出力は、販売価格 59,900 円+税と表記されています。
　その後、通販企業㈱ミスミでも 25％オフの 45,375 円（＋税）で扱っていることが分かりました。㈱ミスミの通販で購入するには「法人登録」が必要です。ミスミＱＣＴセンター（フリーダイアル 0120-343-066）に電話して「新規登録」します。

第6章　19倍出力トルク脈動レスXL型発電機の設計

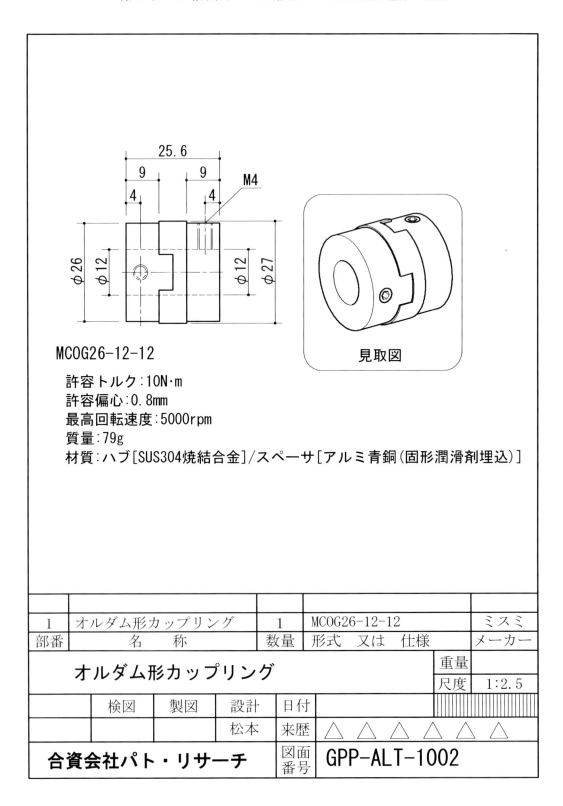

第6章　19倍出力トルク脈動レスＸＬ型発電機の設計

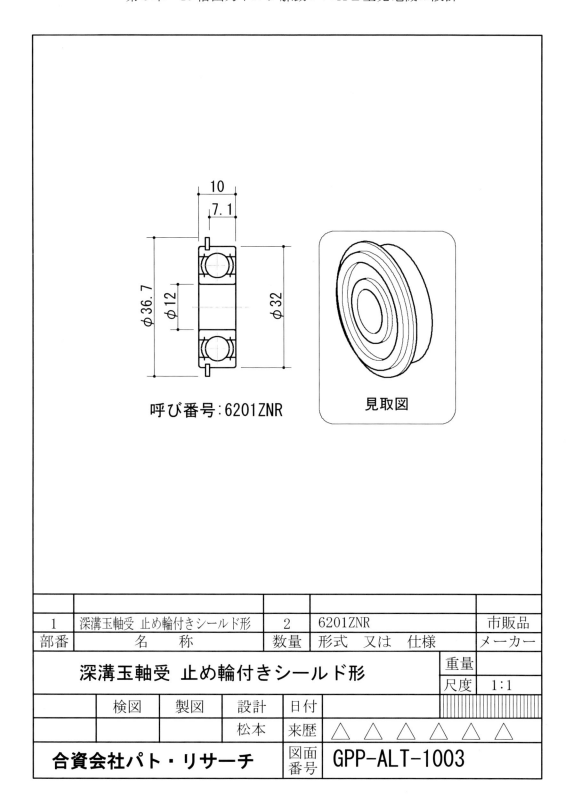

第6章　19倍出力トルク脈動レスＸＬ型発電機の設計

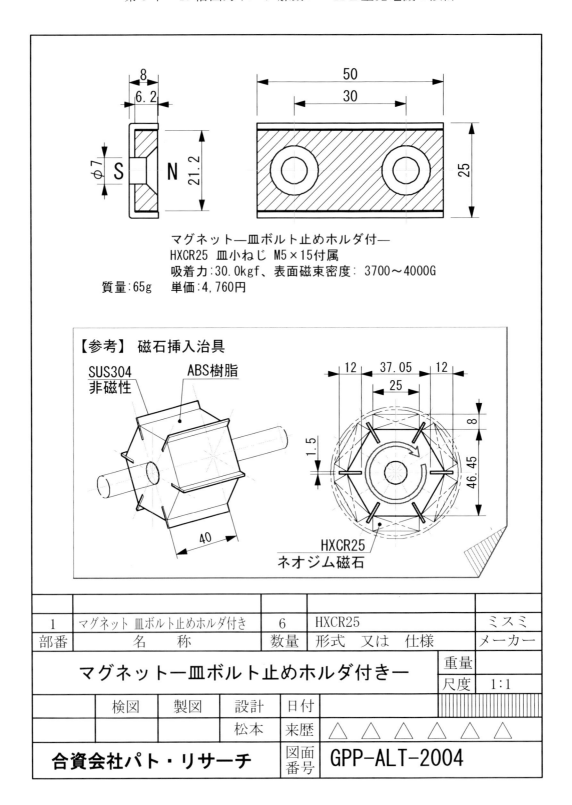

第6章　19倍出力トルク脈動レスXL型発電機の設計

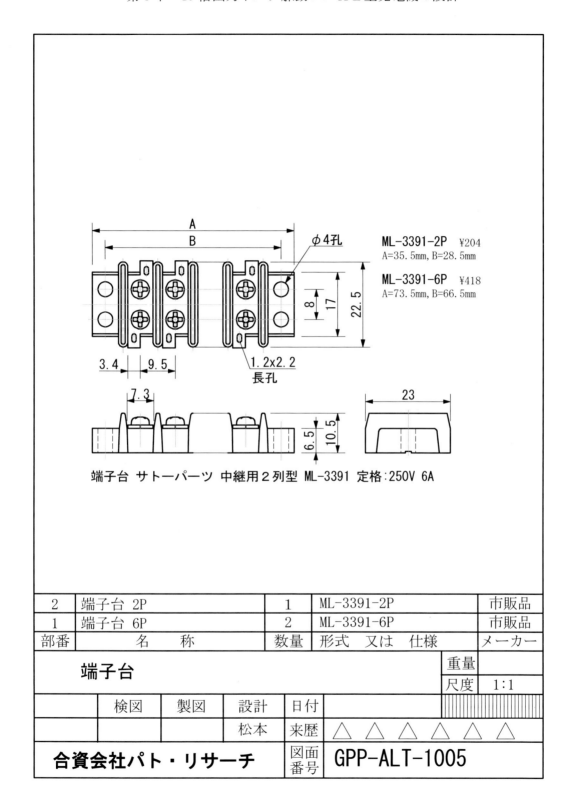

第6章　19倍出力トルク脈動レスＸＬ型発電機の設計

6.6 コイル1個当りの起電力

　トルク脈動レス発電機の出力は、発電機の回転数に比例します。回転するネオジム磁石体の外周に「**長穴あき小判型起電コイル**」を配置した「ＸＬ型発電機」では、使用するＤＣモータの回転数2500～3000rpmで駆動させますので、他の型式に比較して約1/3の低速回転です。算出の基データにはＦ型機の実測値を使用しています。

　使用したネオジム磁石は、吸着力30kgfの「**皿ボルト止めホルダ付きタイプ**」ですが、回転数2500～3000rpmでどの程度の出力になるか試算しました。吸着力30kgfの磁石を使用したものの、低速回転で回転する磁石列が片側のみ故に「Ｆ型機の実測値」をわずかに上回る1.9～2.28倍アップのAC38V～AC45.6Vの出力でした。

　別途に設計した3倍速回転数7500～9000rpmの花弁形起電コイル方式ＸＰ型発電機に比較しますと6.6掛けの低出力になりました。コイル1個当りの起電力をCD-R著作「**磁気と電機と発明発見の技術**」から援用して紹介します。

ＸＬ型テスト機コイル1個の起電力
約Min.AC38V～Max.AC46V

Ｆ型機のコイル仕様（起電力計算の基礎とした実測値）
　長穴あき小判型　線径φ0.8 x 単位長さ25mm length
　15本x15本=225本→　起電力：片側AC20V/11100rpm(実測値)

ＸＬ型機のコイル仕様および起電力計算値

長穴あき小判型　線径φ1.0 x 単位長さ50mm length(2倍)
12本x20本x2=480本　→　2.13xAC20V(片側)＝AC42.6V(計算値)
∵ 2.13=480本/225本

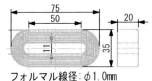
フォルマル線径：φ1.0mm

・磁石の吸着力：HXCW25-6-5=7.5kgf　→　HXCR25=30.0kgf
　　磁石の吸着力：7.5kgf　→　30.0kgfを考慮すると
30.0kgf/7.5kgf=4.0　→4.0xAC42.6V=AC170.4V(計算値)
・ＸＬ型機の回転数：Min.2500～Max.3000rpm(モータ直結)
　　回転数比2500～3000/11100を考慮すると
AC170.4V×0.225～0.27　→　AC38.34V～AC46.0V(計算値)
∴ about　AC38V～AC46V(計算値)

　　　　＊＊＊＊＊＊＊＊＊＊＊＊＊＊＊＊＊＊＊＊＊＊＊

　低速の最大メリットは、「低振動・低騒音・長寿命」ですが、出力は回転数に比例するだけにＤＣ直結の低速回転(2500～3000rpm)ではＦ型機の出力 AC20V の「3倍」には届かず、スプロケット & チェーン方式で回転数を3倍にアップさせた量産仕様「ＸＰ型発電機」(AC53V～AC64V)とＤＩＹ仕様「ＸＹ型テスト機」(AC83V～AC99V)の性能には及びませんでした。

第6章 19倍出力トルク脈動レスXL型発電機の設計

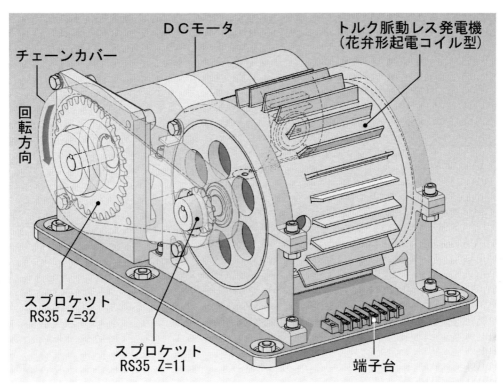

図6-5 50倍馬力アップDCモータ採用の高速回転「XP型発電機」の外観イラスト

XP型機コイル1個の起電力
約Min.AC57〜Max.AC68V

F型機のコイル仕様(起電力計算の基礎とした実測値)
　長穴あき小判型　線径φ0.8 x 単位長さ25mm length
　15本x15本＝225本 → 起電力：片側AC20V/11100rpm(実測値)

XP型機のコイル仕様および起電力計算値
　花弁形　線径φ1.0 x 単位長さmm length
　9本x40本＝360本 → 1.6x2(両側)xAC20V＝AC64V(計算値)
　∵1.6=360本/225本
・磁石の吸着力：HXCW25=7.5kgf → NHXCSH25-6=10.0kgf
　　磁石の吸着力：8.0kgf → 10.0kgfを考慮すると
　10.0kgf/7.5kgf=1.33 → 1.33xAC64V＝AC85.12V(計算値)
・XP型機の回転数：Min.7500〜Max.9000rpm(3倍増速)
　　回転数比7500〜9000/11100を考慮すると
　AC85.12V×0.67〜0.8 → AC57.0V〜AC68.0V(計算値)
　∴ about AC57V〜AC68V(計算値)

第6章　19倍出力トルク脈動レスＸＬ型発電機の設計

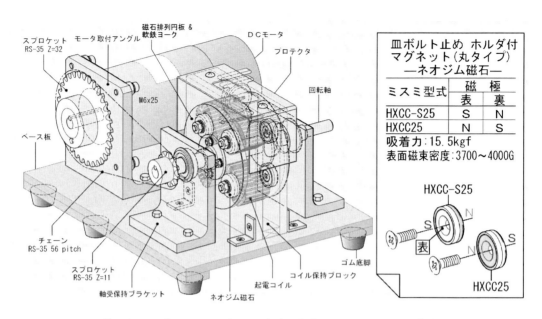

図6-6 50倍馬力アップＤＣモータ採用の高速回転「ＸＹ型テスト機」の構造イラスト

ＸＹ型テスト機コイル１個の起電力
約Min.AC89V～Max.AC105V

Ｆ型機のコイル仕様（起電力計算の基礎とした実測値）
 長穴あき小判型　線径φ0.8 x 単位長さ25mm length
 15本x15本＝225本→　起電力：片側AC20V/11100rpm（実測値）

ＸＹ型機のコイル仕様および起電力計算値
 花弁形　線径φ1.0 x 単位長さmm length
 9本x40本＝360本 → 1.6x2（両側）xAC20V＝AC64V（計算値）
  ∵1.6＝360本/225本　　　　　HXCC25＝15.5kgf
 ・磁石の吸着力：HXCW25＝7.5kgf → HXCC-S25＝15.5kgf
   磁石の吸着力：7.5kgf → 15.5kgfを考慮すると
 15.5kgf/7.5kgf＝2.066 → 2.066xAC64V＝AC132.2V（計算値）
 ・ＸＹ型機の回転数：Min.7500～Max.9000rpm（3倍増速）
   回転数比7500～9000/11100を考慮すると
 AC132.2V×0.675～0.8 → AC89.2V～AC105.76V（計算値）
 ∴ about AC89V～AC105V（計算値）

第6章　19倍出力トルク脈動レスＸＬ型発電機の設計

　ＸＰ型機は、量産用にデザインしましたが、性能を確認する目的で手作りタイプのＤＩＹ仕様、ＤＣモータへの供給電力の **7.4～29.6 倍出力（コイル１個～４個）**の「ＸＹ型テスト機」および更に高性能の「ＸＹＸ型テスト機」も設計し、それら両機の図面の後に執筆しました著作、「**ネオジム磁石　そのエネルギ利用法(2)**」に掲載してあります。
　その著作「ネオジム磁石　そのエネルギの利用法(2)」の**もくじ**を参考までに以下に載せます。

　なお、本書は、出版界の事情でモノクロ印刷本ですが、ワープロソフト Word で読めるフルカラーのＣＤ－Ｒ版も 2,000 円（送料・税込）で販売しております。発行所 合資会社パト・リサーチ宛の郵便振替 00160-9-393395 でお申し込みください。

　オリジナル イラスト(99枚)・写真(25枚)・コピーして直ぐに使える設計図(39枚)の図版を駆使して解説した B5 判 全 171 頁の「**超図解本**」は、見るだけで内容が分かると著作と思っています。　オールカラーの CD-R 版本は、2,000 円（送料 消費税込み）です。下記宛の振替口座 00160-9-393395 で送金いただき次第お届け致します。
　　　　　〒299-3223　　千葉県大網白里市南横川 176 番地 7
　　　　　　　　　　合資会社　パト・リサーチ
　　　　　　　　　　振替口座 00160-9-393395
　　　　　　　　　　TEL 0475-73-6308　FAX 0475-73-6359
↓＊＊＊ CD-R 版著作「**ネオジム磁石　そのエネルキ利用法(2)**」の**もくじ**　＊＊＊↓

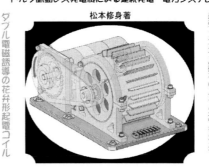

はじめに… ⅰ
もくじ… ⅲ
第１章 地磁気の不思議…1
　1.1 タングステンの磁性…1
　1.2 地磁気逆転の証拠…3
　1.3 地磁気逆転の研究…5

第6章　19倍出力トルク脈動レスＸＬ型発電機の設計

1.4 地磁気発生の本当の理由…8

1.5 目に見える実験 その1…15

1.6 目に見える実験 その2…19

1.7 ヒトがつくりだした世界最強の「ネオジム磁石」のパワー…24

【コラム】「慈石召鐵」のエピソード…28

第2章　磁気遮蔽・磁気力の実験—磁気の利用技術—…31

2.1 書物に書かれている磁気遮蔽の図…31

2.2 磁気遮蔽の実験 その1…31

2.3 棒磁石の磁気…33

2.4 磁気遮蔽の実験 その2…35

2.5 ネオジム磁石の反発力…39

2.6 ネオジム磁石の磁気がおよぶ範囲…40

2.7 ネオジム磁石の静電気励起…41

2.8 トルク脈動レス発電機の発熱現象…42

2.9 電磁誘導加熱(Induction Heating)…44

【コラム】永久磁石を使用したモータで消費電力大幅削減…46

2.10 磁気の吸着と反発…48

【コラム】3次元フィールド マグネット アナライザ…50

第3章　磁気と電気と発明・発見欲の世界…51

3.1 電気をつくる…54

3.2 2倍出力タイプの発電機…58

3.3 円盤タイプの磁石排列と磁界ループ…60

3.4 軸周タイプの磁石排列と磁界ループ…62

3.5 電磁誘導の分析…65

3.6 縦置き起電コイルの実験—直流発電機は可能か?—…66

3.7 交流電圧の無段変圧…70

3.8 ファラディの円盤—負の遺産の精算—…70

3.9 Ｎマシーン伝説—2016年の今も発電原理の説明ができない**現象**—…72

3.10 磁石利用の歴史…74

3.11 着磁の方法…75

3.12 電磁鋼板について…79

【コラム】脱磁の原理…84

第4章　コアレス発電機による連続発電・電力システムの誕生…85

4.1 コアレス発電機誕生までの歴史…85

4.2 発電機とモータは必ずしも同じではない…86

4.3 トルク脈動レス発電機による連続発電電力システム…89

4.3.1 ＤＣモータで発電機を回す技術…89

4.3.2 リチウム-イオン蓄電池開発の技術…91

4.4 トルク脈動レス発電機とリチウム-イオン蓄電池の相乗効果…91

4.5 特許庁への拒絶査定不服審判請求・その審決に対する知的財産高裁への提訴…93

4.6 量産仕様6枚花弁形起電コイル28.5倍出力のＸＰ型

第6章　19倍出力トルク脈動レスＸＬ型発電機の設計

「トルク脈動レス発電機」の設計図…106
4.6.1　製作図面（量産仕様ＸＰ型機の組立図）…109〜111
　　　　A．正面概略図…109
　　　　B．上面外観図…110
　　　　C．側面構造図…111
4.6.2　製作図面（部品図）…112〜127
4.6.3　購入部品の図面…128〜133

第5章　ＤＩＹ仕様の花弁形起電コイル「トルク脈動レス発電機」…134
5.1　ＤＩＹ仕様手作り4〜6枚花弁形起電コイル29.6〜44.5倍出力の
　　ＸＹ型「トルク脈動レス発電機」の設計図…134
5.1.1　起電コイル1個当り起電力比較…134
5.1.2　製作図面（ＤＩＹ仕様29.6倍出力のＸＹ型テスト機の組立図）…138
　　　　A．正面概略図…139
　　　　B．上面外観図…140
　　　　C．側面構造図…142
　　　　D．ＤＣモータ部外観図…143
5.1.3　製作図面（部品図）…144〜155
5.1.4　購入部品の図面…156
5.2 長穴あき小判形コイル＋長方形ネオジム磁石のＸＬＸ型機の増速性能…157

あとがき…162
文献…164

↑＊＊＊ CD-R版著作「**ネオジム磁石　そのエネルキ利用法(2)**」のもくじ　＊＊＊↑

本書の CD-R 版本（全220ページ）も 2,000 円（送料 消費税込み）です

【基本操作】
　このCD-R版著作は、ワープロソフトWordでお読み頂けます。ファイルは以下の構成になっています。CD-Rデータを開いてその詳細「もくじ」を印刷して所要の本文の各章を開いてお読みください。ここの「もくじ」は抜粋です。

もくじ

はじめに…i
第1章　電力の自由化と自家発電システム…1〜30
第2章　トルク脈動レス発電機の特許取得への挑戦…31〜60
第3章　高出力トルク脈動レス発電機（Ｉ）…61〜116
第4章　既製品のエンジン発電機―実用発電機の見本…117〜128
第5章　高出力トルク脈動レス発電機（Ⅱ）…129〜162
第6章　19倍出力トルク脈動レスＸＬ型発電機の設計…168
付録…198〜211
文献…212〜214

【印刷する場合のプリンタの設定】
　文書サイズは、B5タテ判です。図版の多くがカラーですので「カラー」モードに設定します。

(c) MATSUMOTO OSAMI May 5, 2016

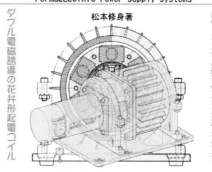

合資会社　パト・リサーチ

付　　録

　本文に書ききれなかった「太陽光発電、リチウム イオン蓄電池」に関する**「役に立つ情報」**を紹介します。
　売電目的で太陽光発電パネルが1,000～2,000坪の遊休地に設置される昨今、一般住宅の場合の設置費用はどのくらいでしょうか？

茂原市と大網白里市境の国道128号線沿い1,500坪に設置された太陽光発電パネル群

　膨大な量の太陽光発電パネルは、Jinko Holdings Co., Ltd.のネームプレートがあり、Webで検索すると2006年に創業した「ジンコソーラー有限公司」とありました。

　2009年に太陽光電池と太陽光発電モジュールを生産開始、翌2010年にニューヨーク証券取引所に上場し、2015年の生産能力4GW、世界第6位の太陽光発電パネルのメーカー。Webの別のサイトには世界第5位との記述もありました。

付　録

　とにかく、その急成長振りは驚愕です。施工を担当した企業の管理担当係氏の曰わく「値段の安さで日本のメーカーは太刀打ちできない」そうです。

　2013年5月27日付け産経新聞の記事によると、新規参入企業続出による供給過多でダンピング競争に陥り、2013年3月のSuntech Powerの子会社の破綻し、それ以外にもYingli Green Energy、Trina Solar、JA Solar、Jinko SolarやLDK Solarなどの名だたる大手メーカーが四半期決算での営業赤字が続いているといいます。

　その原因には、ヨーロッパ市場の需要減、過剰な設備投資が招いた稼働率低下、厳しい低価格競争などがあり、各国政府による需要創出政策とは裏腹な供給過多との整合性のアンバランスに陥っているのが現状です。

広大な太陽光発電パネル群(Jinko HoldingsのH/Pageより引用)

前出茂原市遊休地の太陽光発電パネル群

付　録

1．太陽光発電のシステム導入にかかる費用

　Webに「**タイナビ**/太陽光発電ポータルサイトNo.1」の**惹起ロゴ**を掲げている企業は、㈱グッドフェローズです。太陽光発電に関するQ and Aが商売になるのですね！
　その画面では、太陽光発電のシステム導入にかかる費用を紹介しています。

初期費用：一般住宅3.5kWの平均的な価格は120～170万円前後
1. 機器の購入費内訳
　　★太陽光パネル：4～5万円/1枚×パネル枚数※
　　★パワーコンディショナー：10～13万円
　　★接続ユニット2～3万円
　　★昇圧ユニット：2～3万円/接続ケーブル：8,000～10,000円/工事金具：15万円前後
　　　但し、取り付ける場所によっては不要の場合がある。
　　★モニター：5～7万円
2. 工事費内訳
　　★設置工事：10万円前後
　　★電気工事：10万円前後

　※内訳の合計金額と初期費用合計の金額のアンマッチは、「パネル枚数」の多寡による。

付　録

コラム

畑作と太陽光発電の光シェアリング　その１

　農林水産省は、2012年度末に①農作物の減収率を２割以下に抑える、②品質が著しく劣化しない、との条件を満たす場合、一部の農地で太陽光パネル設置を例外的に認める特例措置を施行した。期間は３年で更新もできる。ソーラーシェアリング協会(千葉県市原市)の実証実験では、里芋やアシタバの収穫量は減らなかったが、ほうれん草や人参などは生育が悪化し、静岡県の水田の実験での稲穂が２割減り、生育も遅れた。

野菜栽培しながら売電収入
― 太陽光発電と畑作の光シェアリング ―

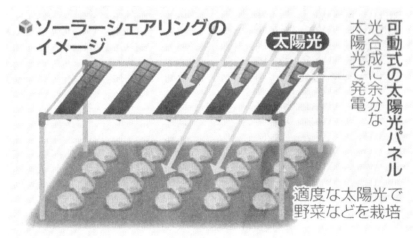

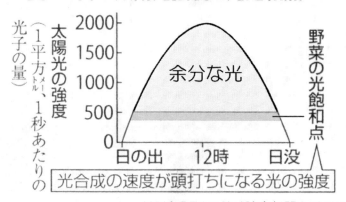

2016年5月2日付け読売新聞より引用リメイク

2016.5.2

コラム

畑作と太陽光発電の光シェアリング その2

千葉県八千代市の今井茂氏(55歳)の約900坪の落花生畑では余剰電力の売電で落花生などの農業収入の7倍を超える年間750万円の収入を得ている。

太陽光パネルが設置された今井さんの落花生畑。パネルの向きは手動で変えられる（3月29日、千葉県八千代市で）

【今井茂さん(55歳)の落花生畑】
　広さ約3,000平方メートル（約900坪）に約1,500枚の太陽光発電パネルを高さ3.5～4.5mで架台を組んで設置し、約150kWを発電して落花生栽培をしながら売電で年間750万円の収入を得ている。
　パネル1枚（長さ160cm×幅45cm）の発電能力は100W、畑全体を覆う1,500枚で150kWになる。設備費に約5,500万円かかったが、前年並みの売電収入が見込まれれば約8年で取り戻せる計算になる。

2016年5月2日付け読売新聞より引用リメイク

2016.5.2

付　録

2．リチウムイオン蓄電池の価格（株式会社デジレコの例）

★商品案内

・会社名	株式会社デジレコ　「DIGIRECO Co.,Ltd.」
・代表取締役	青木　裕
・設　立	1987年4月
・資本金	1,000万円
・所在地	〒169-0075 東京都新宿区高田馬場1-32-14　TSビル301
・TEL	03-5292-3421（代表） 03-5286-6354（蓄電池ELE-CUBE事業部）
・FAX	03-5272-2501

-203-

付　録

　本書では「リチウムイオン蓄電池」使用を前提としていますので、㈱デジレコの商品案内には鉛蓄電池モデル SP-1200、SP-2400、SP-4800 も掲載されていますが、その詳細仕様については割愛しています。

★モデル LIF-1600 の仕様

　このモデルは、唯一価格 438,000 円（税抜き）の表記があります。

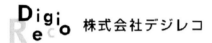

コンパクト設計。スタイリッシュなアルミボディ。軽量なので女性でもラクラク移動。

寸法	幅188mm　奥行356mm　高さ453mm
重量	24kg
電池容量	1600Wh
電池仕様	バッテリーの種類：リチウム リン酸鉄リチウムイオンバッテリー
連続出力	700W
最大出力（3分間）	770W
サージ電力	1400W
自動切替	瞬断時間：15msec
定格入力電圧	100Vac±5%
定格出力電圧	100Vac±5%
周波数（SW切替）	50/60Hz±0.05%
最大出力電流	14A
出力波形	正弦波（歪率3%以下）
保護回路	過負荷、回路短絡、逆接続（ヒューズ）、入力低電圧、入力高電圧、過温度
冷却方式	負荷連動ファン
充電時間	約9時間（90%）
使用温度範囲	0℃～40℃

付　録

★モデル LIF-5200 の仕様

価格は「オープン価格」。オープン価格なのに（税抜き）の表示はどのように解釈すればよいのか？

LIF-5200

コンパクト設計。スタイリッシュなデザイン。

寸法	幅500mm×奥行250mm×高さ640mm
重量	78kg
電池容量	5200Wh
電池仕様	バッテリーの種類：リチウム リン酸鉄リチウムイオンバッテリー
連続出力	1500W
最大出力（3分間）	1500W
サージ電力	3000W
自動切替	瞬断時間：15msec
定格入力電圧	100Vac±5%
定格出力電圧	100Vac±5%
周波数（SW切替）	50/60Hz±0.05%
最大出力電流	30A
出力波形	正弦波（歪率3%以下）
保護回路	過負荷、回路短絡、逆接続（ヒューズ）、入力低電圧、入力高電圧、過温度
冷却方式	負荷連動ファン
充電時間	約8時間（90%）（90%）
使用温度範囲	0℃～40℃

付　録

3．ＮＥＣのリチウム イオン蓄電池の仕様

製造はＵＳＡのA123 Systems 社。ＮＥＣが「どうか手前どもに売ってください」と懇願したのか、A123 Systems 社が「どうかＮＥＣ様の販売網で売ってください」懇願したのか。ＮＥＣの技術で作れると思うのですが？

4．リチウム イオン蓄電池は 急速充電 に強い

急速充電に強い
★リチウムイオン蓄電池は大放電ばかりか急速充電も可能
★使った分の電力を短時間で充電しても蓄電池を痛めない

40A
充電時間：約３時間
急速充電器

リチウム イオン蓄電池100AHなら約３時間で満充電が可能

10A
充電時間：10時間 以上

鉛サブ蓄電池の充電電流は、一般的に蓄電池容量（100Ah）×0.1＝10Aです。
高い充電電流で鉛蓄電池を充電することはできないので、充電時間が10時間以上も掛かってしまう。

ＤＣモータを蓄電池の電力で回して発電し、その電力の一部を回生して蓄電池に充電するフローティング充電には「急速充電」が不可欠。

付　録

5．住友電気工業㈱のリチウム イオン蓄電池の３大特徴
住友電気工業㈱製のスタンドアローン型リチウム イオン蓄電システム
POWER DEPO Ⅱ　PDS-1000S01 の PR ポイント

【外観略図】

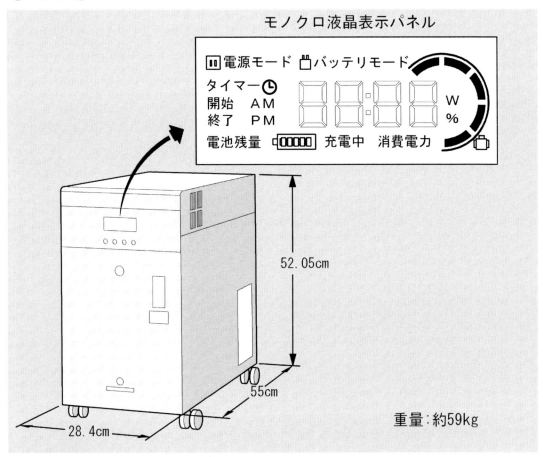

【３大特徴】
1．コンパクトなキャスター付きで成人男性の体重（約59kg）ほどの重量、スタンドアローンで静音　→　好きな場所・好きな時に利用でき、工事不要
2．停電時の自動切替ＵＰＳ機能　→　瞬時に蓄電池からの給電に替わる
3．2.9kWh の高性能リチウムイオン蓄電池搭載で低価格・長寿命（約 15 年）
　　　　　　　　　　　　→　70 万円（税別）、充・放電 6000 サイクル

【使用方法】
1．充電用コードをコンセントに差して充電　→　（４時間で満充電）
2．使いたい家電製品のコードを蓄電池に差す
　　　　→　（一度に４個所のコンセントに接続して合計 1kw まで使用できる）
　註：停電時は太陽光発電用パワーコントローラを自立運転に切替える。その後、パワーコントローラの自立出力用のコンセントに蓄電池のコードプラグを差して充電する。

付　録

【他社スタンドアローン製品との比較】

他社スタンドアローン型製品との比較

比較項目	ＰＤⅡ	製品Ａ	製品Ｂ	製品Ｃ
定格入力電力	1.5kW	1.5kW	1.5kW	1.5kW
定格出力電力	1.0kW	1.5kW	1.0kW	1.0kW
蓄電池公称容量	2.9kWh	5.0kWh	2.5kWh	2.4kWh
AC定格出力×時間	2.8kWh	3.9kWh	1.8kWh	1.6kWh
システム効率	80%	69%	56%	?
充電時間	約4時間	約8時間	約6時間	約6時間
電池寿命	6,000サイクル	2,000サイクル	12,000サイクル	10,000サイクル
UPS機能	切替時間10ms	切替時間5s	切替時間15ms	無瞬断

※タイナビ調べによる数値に準拠

　上記の記事は 2016 年 5 月 21 日現在の Web 広告「特別価格キャンペーン」から要点を引用してハッチきりと読めるようにリメイク。
　通常販売価格 948,000 円(税別)を「限定 200 名」送料無料 700,000 円(税別)と謳ったからには通常販売価格も「26％ＯＦＦ可能」のイメージを受ける。

住友電気工業㈱のLi-Ion蓄電池

太陽光連携ポータブル蓄電池

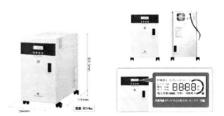

2016.5.16のWeb広告より

住友電気工業㈱の Web 掲載の広告を圧縮リメイク

6．リチウム イオン蓄電池の特徴

　蓄電池といえば 1859 年にフランスのレイモン ルイ プランテ (Raimond Louis Gaston Planté, 1834-1889) が発明した鉛蓄電池が長年に渡って自動車用に多く利用されていましたが、走行距離 4～6 万 km 程度までの年数が寿命の目安とされています。

　1985 年になってから実用化されたリチウム イオン蓄電池は、充電・放電が 4,000 サイクル、年数にして約 10 年と言われますので格段に長寿命です。その他にリチウム イオン蓄電池の特徴として以下の図に記されている②～⑥項目もの長所があります。

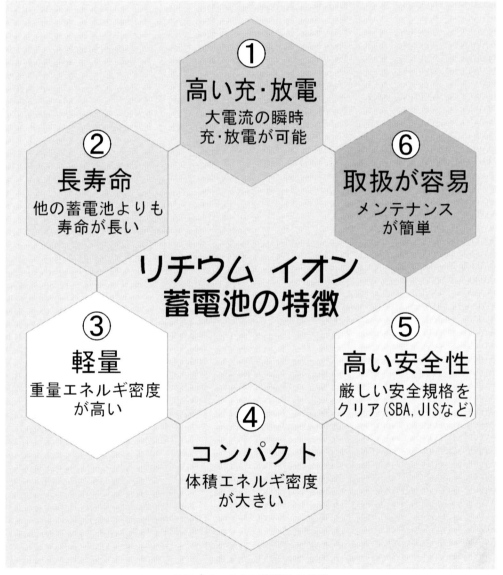

リチウム イオン蓄電池の特徴
（一般社団法人蓄電池工業会の「リチウムイオン蓄電池まるわかり BOOK」より引用リメイク）

付　録

７．太陽光発電・蓄電の設置工事の専門店　Part 1

　本書の「トルク脈動レス発電機＋リチウム イオン蓄電池」で「昼夜連続発電し続ける電力システム」の施工には、スタンドアローン型リチウム イオン蓄電池システムを採用する場合を除いて、「工事の専門店」の協力が必要です。

㈱サンユウの施工対応エリア

　蓄電ナビでは、主に関東エリアの９都県に対応しています。関東以外も順次拡大中です。
　東北やその他の地域でも対応は可能ですので、お問い合わせください。

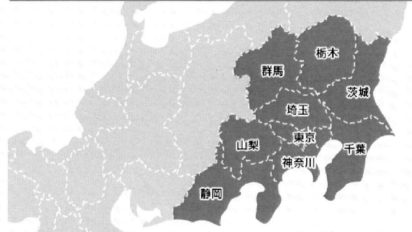

- ☑ 栃木県
- ☑ 群馬県
- ☑ 茨城県
- ☑ 埼玉県
- ☑ 千葉県
- ☑ 東京都
- ☑ 神奈川県
- ☑ 山梨県
- ☑ 静岡県

http://www.chikudennavi.jp

会社名：株式会社 サンユウ
所在地：〒114-0023 東京都北区滝野川 7-181 APTO ビル 201
設　　立：平成 12 年(2000)12 月 5 日
資本金：1,000 万円
役　　員：代表取締役社長 山口　満
電　　話：03-3916-9408
ＦＡＸ：03-3916-9511
フリーダイアル：0120-975-972
http://www.chikudennavi.jp
http://www.sanyuu.com.jp

付　録

8．太陽光発電・蓄電の設置工事の専門店　Part 2

会社名：株式会社 松本電気商会
所在地：〒755-0008 山口県宇部市明神町 3-4-3
設　立：昭和 21 年(1946)3 月
資本金：2,000 万円
役　員：代表取締役社長 松本洋雄
電　話：0836-32-5122
ＦＡＸ：0836-39-3700
https://matsu-dk.com/p5-company/index.html

施工対応エリア【山口県】・宇部市・山陽小野田市・山口市・美祢市・防府市・下関市・
　　周南市・下松市・光市・長門市・柳井市・萩市・岩国市

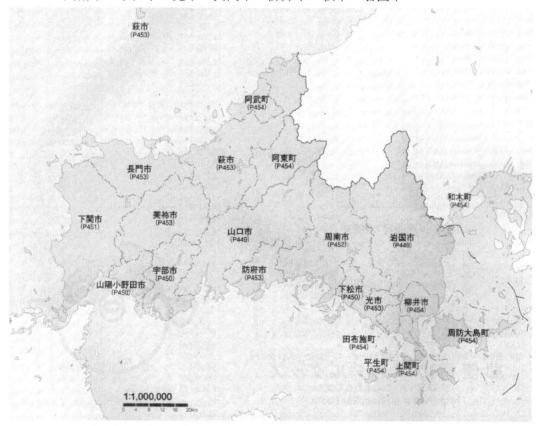

日本郵便の郵便番号簿 2009～2010 年度版「中国 山口県」索引図から引用

文　献

・ダイオード規格表[2013/2014 最新版＋復刻版 CD-ROM] 時田元昭編著　ＣＱ出版
　　　　　　　　　　　　　　　　　　　　　　　　　　　　　2013 年 3 月 15 日
・絵ときでわかる　電気電子計測 高橋寛監修/熊谷文宏著 オーム社 2007 年 2 月 20 日
・定電圧電源もの知り百科 丹羽一夫著 電波新聞社 2006 年 8 月 10 日
・PDF 版 テクニカルデータ「電源について」コーセル㈱ 2005 年
・風車・プロペラの秘密(2) 松本修身著 パワー社 2004 年 5 月 25 日
・月刊エアライン 2004 年 4 月号 No.297 イカロス出版
・旅客機型式ハンドブック 月刊エアライン 2003 年 8 月号 特別付録 イカロス出版
・やさしい電源の作り方 西田和明/矢野勳共著 東京電機大学出版局 2002 年 1 月 20 日
・機械設計製図便覧　第 9 版　理工学社 1998 年 12 月 25 日
・ステンレスのおはなし 大山正・森田茂・吉武進也 共著 日本規格協会 1998 年 12 月 25 日
・あっ、発明しちゃった アイラ フレイトウ著/西尾操子訳 アスキー1998 年 2 月 10 日
・機械公式活用ポケットブック 岡野修一編 オーム社 1995 年 11 月 15 日
・電磁気学のＡＢＣ やさしい回路から「場」の考え方まで 福島肇著 講談社ブルーバックス
　　　　　　　　　　　　　　　　　　　　　　　　　　　　　1995 年 4 月 24 日
・飛行機雑学事典 最新技術のすべて 河崎俊夫著 講談社ブルーバックス
　　　　　　　　　　　　　　　　　　　　　　　　　　　　　1994 年 9 月 26 日
・入門エレクトロニクス 6 出口のあるねずみとりダイオード 橘瑞穂著
　　　　　　　　　　　　　　　　　　　　　誠文堂新光社 1994 年 8 月 25 日
・絵とき 初めて電気回路を学ぶ人のために 梅木一良/長谷川文敏/坂藤由雄共著 オーム社
　　　　　　　　　　　　　　　　　　　　　　　　　　　　　1994 年 7 月 20 日
・入門エレクトロニクス 10 エレクトロニクスを支える半導体の仲間たち 泉弘志著
　　　　　　　　　　　　　　　　　　　　　誠文堂新光社 1994 年 7 月 8 日
・モーターを創る 見城尚志/加藤肇共著 講談社ブルーバックス 1992 年 3 月 20 日
・カー・メンテナンス大事典　青山元男著　ナツメ社　1992 年 1 月 10 日
・オートメカニック　1 月臨時増刊号「マンガで楽しむ！クルマ工学」内外出版社
　　　　　　　　　　　　　　　　　　　　　　　　　　　　　1992 年 1 月 15 日
・モーターの ABC 見城尚志著 講談社ブルーバックス 1991 年 12 月 10 日
・磁石のナゾを解く　体内磁石からオーロラまで 中村弘著 講談社ブルーバックス
　　　　　　　　　　　　　　　　　　　　　　　　　　　　　1991 年 1 月 20 日
・磁石のＡＢＣ 磁針から超電導磁石まで 中村弘著 講談社ブルーバックス
　　　　　　　　　　　　　　　　　　　　　　　　　　　　　1991 年 11 月 25 日
・誰にもわかる やさしい 電気の一般知識 古川修文著 新星出版社 1991 年 5 月 25 日
・家庭機械・電気 池本洋一/財満鎮雄共著 理工学社 1973 年 2 月 28 日

【インタネット】
・http://www.chikudennavi.jp 家庭用蓄電池・蓄電システムは「蓄電ナビ」
・https://ja.wikipedia.org エコキュート
・https://ja.wikipedia.org 演色性

文　献

- https://ja.wikipedia.org 白熱電球
- https://ja.wikipedia.org 白熱電球の種類と特徴/発光原理・寿命
- https://ja.wikipedia.org 発光ダイオード
- https://ja.wikipedia.org 放電容量
- http://www.digireco.co.jp 家庭用蓄電池 ELE-CUBE の製造・販売
- http://www.jasnaoe.or.jp/zousen-siryoukan デジタル造船資料館関西支部
- https://kaden.watch.impress.co.jp 松本健のソーラーリポート
- https://matsu-dk.com/p5-company/index.html 会社概要、山口県限定太陽光発電は
　　　　　　　　　　　　　　　　　　　　　　　　　松本電気商会
- https://www.mhi.co.jp/products/expand/wind_kouza_0101.html 三菱重工風力講座
- http://www.sanyuu.com.jp 太陽光発電の設置・工事
- http://www.sawamura.co.jp 会社情報/DCモータと制御の澤村電気工業㈱
- http://www.sharp.co.jpDCハイブリッドエアコン/クラウド蓄電池
- http://www.solar-make.com 自作DIYソーラーと太陽光発電
- http://www.solar-partoners.jp 家庭用蓄電池は次世代型へ
- http://www.standard-project.net/chikuden/makers/panasonic/蓄電パナソニック
- https://www.tainavi.com 太陽光発電システムの初期費用は？

【新聞記事】
- 読売新聞 2016 年 5 月 2 日付け記事、作物と発電　太陽光分け合う

【カタログの記事】
- MISUMI FA メカニカル標準部品 2012 年度版カタログ
- ヤマハ発電機総合カタログ 0704-30N-111146 2015 年 1 月現在
- ヤマハ発電機総合カタログ 0704-30N-111146 2014 年 4 月現在
- ヤマハ発電機総合カタログ 0704-30N-111146 2013 年 3 月現在
- Super Cub50/Press Cub50 カタログ 本田技研工業株式会社 2007 年 11 月現在
- PDF 版 YAMAHA MOTOR TECHNICAL REVIEW 電動船外機 M-15(XGW)/M-25(XGX)
- 鉄鋼便覧 石川鋼材㈱(川口市東本郷 1-5-33) 1998 年度版

【図版出典】
図 1-1 読売新聞 2015 年 7 月 26 日
図 1-2 ダイキンの H/Page
図 1-3 シャープの H/Page
図 1-4 シャープの H/Page
図 1-5 シャープの H/Page
図 1-6 三菱電機の H/Page
図 1-7 三菱電機の H/Page
図 1-9 JAXA の H/Page
写真 1-2 JAXA の H/Page
写真 1-3 ㈱サンユウ(東京都北区滝野川 7-18-1 APTO ビル 201)の H/Page

文　献

写真 1-4　ドイツのファルタ マイクロ バッテリ社の H/Page
写真 1-5　写真 1-4 を使用してリメイク
写真 1-6　シャープの H/Page
図 1-11　シャープの H/Page
図 1-12　シャープの H/Page
図 1-13　シャープの H/Page
図 1-15、16　経済産業省の H/Page
図 1-18　財団法人 省エネルギーセンターの H/Page
表 1-3　パナソニック電工の H/Page
表 1-4　東芝ライテックの H/Page
写真 2-5　https://www.bing.com/images
写真 2-6　アメリカ軍用銃パーフェクトバイブル p.152　2008 年 10 月 1 日　学習研究社
図 3-7　ヤマハエンジン発電機の紙版カタログ
図 3-8　ホンダエンジン発電機の Web のカタログ
写真 3-2　https://ja.wikipedia.org
図 3-17　澤村電気工業㈱の H/Page
写真 4-12、表 4-1　澤藤電機の H/Page（澤藤ＥＬＥＭＡＸ　SH2500EX-J)
図 5-1、5-2　ヤマハエンジン発電機の紙版総合カタログ
図 5-20　磁石のナゾを解く、中村弘著 p.102
図 5-23　シャープの H/Page
図 5-24　シャープの H/Page
写真 5-2～写真 5-5　https://www.bing.com/images
写真 5-6、写真 5-7　https://www.bing.com/images

松本　修身（まつもと　おさみ）
1958 年　福島県立平工業高等学校機械科卒業
1962 年　武蔵野美術学校中退
1968 年　青山学院大学第二文学部英米文学科中退
1968 年　㈱三康社専務取締役（1968〜1976 年）
1976 年　日本工業イラスト㈱設立 代表取締役社長（1976〜1992 年）
1998 年〜合資会社 パト・リサーチ社長
◆　機械設計技師／シーケンス制御設計技師／テクニカル ライタ
　　／イラストレータ（1 級テクニカルイラストレーション技能士）
　　／家系図鑑定・調査士

◆【著書】
　　ねじの基礎と製図［増補改訂版］パワー社 2010 年、ねじの基礎と製図 パワー社 2009 年、竹とんぼ・作り方/飛ばし方のコツ パワー社 2007 年、作ろう・飛ばそう 竹とんぼ パワー社 2005 年、風車・プロペラの秘密(1),(2) パワー社 2004、実戦 CAD イラスト 理工学社 2000 年、アベコベ文化論 学生社 1992 年、テクニカル イラストレーション ダヴィド社 1966 年。
◆【発明と特許】
　① ウェッジロックキャップボルト［特許第 4385307 号］(2009 年 9 月 15 日 特許取得)

ネオジム磁石とそのエネルギ利用法 (1)　　　定価は裏表紙に表示してあります

2017 年 2 月 20 日　　印　　刷	○著　者　松　本　修　身
2017 年 2 月 28 日　　発　　行	発行者　松　本　修　身
	印刷所　新　灯　印　刷 (株)
	製本所　新　灯　印　刷 (株)

発　行　所
合資会社　パト・リサーチ
〒299-3223
千葉県大網白里市南横川 176 番地 7

振替口座　00160-9-393395
TEL 0475-73-6308
FAX 0475-73-6359

発　売　所
株式会社　パ　ワ　ー　社
〒171-0051
東京都豊島区長崎 3-29-2

振替口座　00130-0-164767
TEL　東京 03(3972)6811
FAX　東京 03(3972)6835

Printed in Japan　　　　　　　　　　　　　　　ISBN978-4-8277-2511-7